T0222422

MINTUS – Beiträge zur mathematisch-naturwissenschaftlichen Bildung

Reihe herausgegeben von

Ingo Witzke, Mathematikdidaktik, Universität Siegen, Siegen, Deutschland

Oliver Schwarz, Didaktik der Physik, Universität Siegen, Siegen, Nordrhein-Westfalen, Deutschland

MINTUS ist ein Forschungsverbund der **MINT**-Didaktiken an der Universität Siegen. Ein besonderes Merkmal für diesen Verbund ist, dass die Zusammenarbeit der beteiligten Fachdidaktiken gefördert werden soll. Vorrangiges Ziel ist es, gemeinsame Projekte und Perspektiven zum Forschen und auf das Lehren und Lernen im MINT-Bereich zu entwickeln.

Ein Ausdruck dieser Zusammenarbeit ist die gemeinsam herausgegebene Schriftenreihe *MINTUS – Beiträge zur mathematisch-naturwissenschaftlichen Bildung*. Diese ermöglicht Nachwuchswissenschaftlerinnen und Nachwuchswissenschaftlern, genauso wie etablierten Forscherinnen und Forschern, ihre wissenschaftlichen Ergebnisse der Fachcommunity vorzustellen und zur Diskussion zu stellen. Sie profitiert dabei von dem weiten methodischen und inhaltlichen Spektrum, das MINTUS zugrunde liegt, sowie den vielfältigen fachspezifischen wie fächerverbindenden Perspektiven der beteiligten Fachdidaktiken auf den gemeinsamen Forschungsgegenstand: die mathematisch-naturwissenschaftliche Bildung.

Philipp Raack

Zeit und das Potential ihrer Darstellungsformen

Eine Handreichung zur Anschaulichkeit der Zeit für das Grundschullehramt

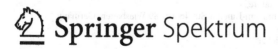 Springer Spektrum

Philipp Raack
Siegen, Deutschland

ISSN 2661-8060   ISSN 2661-8079 (electronic)
MINTUS – Beiträge zur mathematisch-naturwissenschaftlichen Bildung
ISBN 978-3-658-43354-3   ISBN 978-3-658-43355-0 (eBook)
https://doi.org/10.1007/978-3-658-43355-0

Die Deutsche Nationalbibliothek verzeichnet diese Publikation in der Deutschen Nationalbibliografie; detaillierte bibliografische Daten sind im Internet über http://dnb.d-nb.de abrufbar.

Planung/Lektorat: Marija Kojic
Springer Spektrum ist ein Imprint der eingetragenen Gesellschaft Springer Fachmedien Wiesbaden GmbH und ist ein Teil von Springer Nature.
Die Anschrift der Gesellschaft ist: Abraham-Lincoln-Str. 46, 65189 Wiesbaden, Germany

Das Papier dieses Produkts ist recyclebar.

Danksagung

Ich danke zunächst allen Wegbegleiter*innen, die kurz- oder langfristig Anteil an meinem Weg zur erfolgreichen Bewältigung dieser Schrift genommen haben. Besonders möchte ich mich bei Herrn Prof. Dr. Oliver Schwarz bedanken, der mich in meinem Promotionsvorhaben kreativ betreut und stets ergebnissoffen unterstützt hat – allen inhaltlichen Richtungswechseln meinerseits zum Trotze. Außerdem danke ich Herrn Prof. Dr. Ingo Witzke für die Aufnahme ins MINTUS-Projekt, das diese Promotionsschrift erst ermöglichte.

Weiter möchte ich mich bei der gesamten Arbeitsgruppe der Physikdidaktik bedanken: Dr. Henrik Bernshausen, Dr. Christian Deitersen, Andree Georg, Dr. Volker Heck, Dr. Lenka Müller, Frau Sabine Schirm-Springob, Herr Mirko Schommer, Herr Christoph Springob, Dr. Ina Stricker, Dr. Adrian Weber und Frau Simone Wenderoth sei an dieser Stelle ausdrücklich gedankt.

Besonders dankbar bin ich Dr. Simon Kraus für sein stets offenes Ohr, Dr. Sascha Hohmann für viele kurzweilige und manchmal produktive Stunden im Büro, Herrn Niklas Becher für die kritische Auseinandersetzung beim Lesen und Frau Rebecca Lange für ihre seelische Unterstützung auf der Zielgeraden meiner Arbeit. Zudem danke ich meinen Eltern, meinem Bruder Jonas Raack und Frau Müller, ohne deren Unterstützung der Beginn bzw. die Fertigstellung dieser Dissertation undenkbar gewesen wäre.

Siegen   Philipp Raack
Juli 2023

Kurzfassung

Schlicht und ergreifend *alles* vollzieht sich in der Zeit. Von unvorstellbar langen zeitlichen Abläufen in astrophysikalischen Dimensionen bis hin zu atomaren Schwingungsfrequenzen, die uns in der modernen Zeitmessung den Takt vorgeben. Die vorliegende Arbeit greift sich aus diesem breit aufgefächerten Zeitspektrum ein schmales Band heraus, das dem Alltagsverständnis von Kindern genügt und ihnen im Laufe ihrer Grundschullaufbahn tragfähige und subjektiv bedeutungsvolle Hilfsvorstellungen an die Hand gibt. Die Promotionsschrift macht sich weiter zum Ziel, angehende Lehrkräfte des Grundschullehramtes für das faszinierende Phänomen „Zeit" zu sensibilisieren und auf pädagogisch-didaktisch wertvolle Aspekte hinzuweisen, die im weiten Inhaltsfeld zum Thema „Zeit" existieren.

Dazu sind zunächst begriffliche Verabredungen nötig, die Missverständnissen vorbeugen und als Fundament für die Gedanken dieser Arbeit dienen. Im Zuge dessen ist eine wichtige Abklärung die Unterscheidung von subjektiver und objektiver Zeit, wenngleich ein pädagogisch motivierter Schwerpunkt auf den subjektiven Gesichtspunkten der Zeitvorstellung und -wahrnehmung liegt. Die Verknüpfung von subjektiv empfundener und objektiv gemessener Zeit stellt hierbei ein zentrales Anliegen der Arbeit dar, das sich aus den in einer Schulbuchanalyse hervorgehenden Defiziten ableiten lässt.

Die Abhandlung widmet sich – im Sinne ihres Titels – eingehend den Veranschaulichungen von „Zeit". Damit sind unter anderem ihre analogen und digitalen Uhrzeitformate gemeint, die im Rahmen der Arbeit kritisch beleuchtet und auf ihren pädagogisch-didaktischen Mehrwert hin untersucht werden. Exemplarisch seien der unterschiedliche Umgang mit Zeitintervallen in beiden Formaten und die daraus abgeleiteten didaktischen Empfehlungen genannt.

Neben dem Blick auf die historischen Entwicklungen analoger und digitaler Formate sollen unter anderem empirische Befunde aus der Psychologie eine Neubewertung bezüglich ihres didaktischen Einsatzes anregen. Die Auswertung einer Befragung von Anwärter*innen des Grundschullehramtes schließt die Einordnung beider Uhrzeitformate im Grundschulbereich ab.

Des Weiteren nehmen lineare und zyklische Hilfsvorstellungen zum Zeitverlauf einen großen Teil der vorliegenden Schrift ein. Beide Modellvorstellungen werden hinsichtlich ihrer didaktischen Potentiale beschrieben und die Idee ihrer wechselseitigen Ergänzung erläutert. Im Zuge dessen werden beispielsweise kreative Vorschläge für eine philosophische Annäherung zum Thema „Zeit" mit Kindern im Grundschulalter unterbreitet.

Abschließend erfolgt eine Schulbuchanalyse auf Grundlage nahezu aller zugelassener Lehrwerke für das Fach Sachunterricht an Grundschulen in Nordrhein-Westfalen. Diese fundiert auf den zuvor herausgearbeiteten Kategorien zur Veranschaulichung von „Zeit", die an die Lehrwerksinhalte herangetragen und bewertet werden. Im gegenseitigen Vergleich der einzelnen Schulbuchreihen werden Lücken und Fragwürdigkeiten offengelegt, zu deren Klärung und Ergänzung diese Promotionsschrift einen konstruktiven Beitrag leisten möchte.

Abstract

Simply *everything* takes place within the concept of time. The range extends from incredibly long temporal procedures in astrophysical dimensions to atomic frequencies of oscillation that set the pace in modern time measurement. This thesis selects a small part out of the manifold spectrum of time and provides sustainable and subjectively perceived meaningful support for children in order to help them gain a general understanding of time during their primary school career. In addition to that, this paper aims to raise primary school teachers' awareness of the fascinating phenomenon of time. Furthermore, teachers should be advised of pedagogically and didactically valuable aspects that exist within the broad field of time.

Initially, conceptual arrangements are necessary to avoid misunderstandings and, moreover, these arrangements serve as the basis for the ideas of this thesis. One of the most important clarifications in this paper is the distinction between subjective and objective time. From a pedagogically motivated perspective, the focus of this thesis is on subjective aspects of the conception and perception of time. Beyond that, the correlation between subjectively perceived and objectively measured time constitutes one of the central concerns of this work. These findings are based on an analysis of schoolbooks that show several shortcomings when it comes to the correlation between subjective and objective time.

The treatise thoroughly focuses on different illustrations of "time". Among others, analogue and digital time formats are critically examined to point out their pedagogical and didactic value. One example of this is the various dealing with time intervals in both formats and the didactic recommendations resulting from that.

In addition to the look at historical developments of analogue and digital time formats, empirical evidence from a psychological point of view induces a reassessment of the didactic use. Furthermore, the evaluation of a survey among future primary school teachers concludes the classification of both time formats.

Moreover, linear and periodic perceptions that help to understand different passages of time occupy a notable amount of space in this paper. Regarding their didactic potentials, both models are described and afterwards, the idea of their reciprocal amendments is explained. Creative ideas for a philosophical approach of "time" with children at the age of primary school are suggested.

The conclusion of this paper provides an analysis of schoolbooks, which includes nearly every licensed textbook for the subject general studies in primary schools in North Rhine-Westphalia, Germany. In the analysis, the schoolbooks are examined regarding the previously worked out categories that serve the illustration of "time". This thesis aims to make a constructive contribution concerning the clarification of questions that are raised comparing individual schoolbooks and provides some supplements.

Inhaltsverzeichnis

Abbildungsverzeichnis

Tabellenverzeichnis

Einleitung

1

Es gibt Begriffe, die als Soliton vor uns stehen: Bleistift, Buch oder Fenster. Wer ihren Begriffsinhalt einmal verstanden hat, kommt mit gelegentlichen Veränderungen oder Korrekturen am Begriffsinhalt durch die Welt.

Und dann gibt es Begriffe, deren Umfang sich in derart viele Felder erstreckt, dass man sein ganzes Leben mit Erweiterungen und Korrekturen am Begriffsinhalt verbringen kann, ohne auch nur annähernd einen Abschluss zu erreichen. Raum und Zeit, aber auch die in der Physik geläufigen Begriffe wie Energie oder Entropie zählen zu diesen vielschichtigen, ständig im Fluss befindlichen begrifflichen Phänomenen.

Wenn man im Laufe eines Lebens immer wieder einen bestimmten Begriff neu bewerten und erfassen muss, dann kommen zwangsläufig didaktische Fragen ins Spiel:

- Welche zu diesem Begriff gehörigen Attribute müssen Lernende *zuallererst* erwerben?
- In welcher *Reihenfolge* sollten die einzelnen Begriffsinhalte vermittelt werden?
- Spielen beim Begriffsverständnis in besonderer Weise *subjektive* Erfahrungen eine Rolle?
- Bis zu welchem *Niveau* kann Schulunterricht die Begriffsvorstellung prägen?

Ungezählt sind die Bücher, die zum Zeitbegriff verfasst worden sind. Vor allem liegt dies in der Tatsache begründet, dass die „Zeit" ein Phänomen ist, das sich vor uns in sehr vielen Dimensionen entfaltet. Neben der sogenannten „objektiven Zeit", die physikalisch definiert und durch die Kunst der Ingenieurwissenschaften messbar ist, gibt es die verschiedenen Ebenen der subjektiv wahrgenommenen Zeit. Diese Begriffe werden später in dieser Arbeit näher erläutert. Hier sei nur

P. Raack, *Zeit und das Potential ihrer Darstellungsformen*, MINTUS – Beiträge zur mathematisch-naturwissenschaftlichen Bildung, https://doi.org/10.1007/978-3-658-43355-0_1

so viel vorweggenommen, dass das Ansinnen, eine Promotionsschrift zum Thema
Zeit zu verfassen, zwangsläufig mit drastischen Abgrenzungen einhergehen muss,
die sowohl den fokussierten Umfang des Zeitbegriffs, die klaren Einschränkungen
der Zielgruppen (für die didaktische Analyse) und den Apparat der herangezogenen physikalischen, philosophischen und psychologisch-fachdidaktischen
Literatur betreffen. In dieser Arbeit geht es vor allem um Grundschulkinder, die
die erstaunliche Leistung vollbringen müssen, sich gleichzeitig an die objektive
und an die subjektiv wahrgenommene Zeit so heranzutasten, dass sie nach Ver-
lassen der Grundschule den Zeitbegriff insofern selbstständig handhaben können,
dass sie Uhrzeiten bzw. Uhrablesungen kennen, einen Tag und vielleicht sogar
eine Woche einteilen und grob planen, ja sogar ihr eigenes Durchstreifen von
Zeitspannen reflektieren können.

Dieses vermeintlich einfache Programm ist in Wirklichkeit hochkomplex und
bedarf ausgefeilter pädagogischer und didaktischer Überlegungen durch die Lehrkräfte, um schon auf dem Gebiet der formalen „Zeitlehre" keine Fehler zu
begehen. Nachfolgend werden wir sehen, dass überraschenderweise sogar gröbste
Versäumnisse in der Schulbuchliteratur aufzufinden sind, etwa die Aufforderung
an Kinder, selbstständig subjektiv empfundene Zeitintervalle zu prüfen, ohne
überhaupt das Ablesen und Ermitteln solcher Intervalle auch nur ansatzweise
zuvor eingeübt zu haben.

Die nachfolgend formulierten Forschungsfragen zielen nicht nur darauf ab,
solche Fehler aufzudecken, sondern auch die Lehrpersonen im Hinblick auf
solche Fehler zu sensibilisieren. Neben dem Bereich klarer logischer und fach-
didaktischer Ungereimtheiten gibt es auch noch einen weiten Bereich von
empfehlenswerten Vorgehensweisen. Dies betrifft vor allem die sogenannten Zeitformate (analog / digital), bei denen Kinder nachweislich in unterschiedlichen
Situationen jeweils mit einem Zeitformat besonders gut hantieren können. Auch
hier bedarf es zunächst einer Sensibilisierung zukünftiger Lehrkräfte, die sich
zumeist gerade darüber kaum tiefergehende Gedanken machen und das von ihnen
persönlich bevorzugte Format im Unterricht unbedacht einsetzen.

Ein dritter Aspekt, der in dieser Schrift näher betrachtet werden soll, sind die
philosophisch-kulturellen Auswirkungen von verschiedenen Sichtweisen auf die
„Zeit". Auch hier ist zu konstatieren, dass die Grundschuljahre in mancherlei
Hinsicht prägende Jahre für Kinder sind und es wäre kritisch zu fragen, welche Art von Zeitumgang man Kindern lehren möchte. Sollen sie ausschließlich
effektive „Zeitverwerter" sein? Oder sollen sie nicht auch die kreativen Früchte
eines gewissen Müßiganges erleben? Und wie wären beide Extrema in einer
Lebensplanung sinnvoll miteinander zu verknüpfen?

Denkbar wären natürlich noch weitere Schwerpunktgebiete, doch aus Gründen des Umfanges hat es der Autor bei den genannten Schwerpunktfeldern belassen, die sich naturgemäß nicht streng gegeneinander abgrenzen lassen. Daher sind die nachfolgend erläuterten Forschungsfragen auch nicht so zu verstehen, dass sie wie Schubladeninhalte ausschließlich nur einem Themenfeld zuzuordnen wären.

1.1   Fragestellungen dieser Arbeit

Im Rahmen der vorliegenden Arbeit sollen die nachfolgend aufgeführten Fragestellungen dezidiert beantwortet werden:

1) **Welche Modelle von subjektiver und objektiver Zeit eignen sich für die Grundschule?**
   Im Zuge der Beantwortung dieser Forschungsfrage soll erörtert werden, welche der in der Literatur diskutierten Begriffsmodelle zur subjektiven und objektiven Zeit herangezogen werden müssen, um einen ziel- und adressatengerechten Umgang mit diesen zentralen Begriffen zu gewährleisten.
2) **Welche didaktisch-pädagogisch relevanten Aspekte verbergen sich hinter analogen und digitalen Uhrzeitformaten? Welche Forderungen und Empfehlungen für den Unterricht und die Lehrer*innenausbildung lassen sich für die jeweiligen Zeitformate daraus ableiten?**
   Die zweite Frage deutet bereits an, dass es hier um den Anspruch einer Praxisrelevanz geht. Um sie zu gewährleisten, werden, ausgehend von einem öffentlichen Diskurs zur Aktualität analoger Uhren, beide Uhrzeitformate einer kritischen Prüfung unterzogen, die bis ins kognitionspsychologische Feld führen wird. Nach sorgfältiger Aufbereitung empirisch relevanter Forschungen wird abschließend eine pädagogisch-didaktische Bewertung vorgenommen.
3) **Wie beurteilen Lehramtsanwärter*innen analoge und digitale Zeitformate?**
   Die Grundlage zur Beantwortung dieser Frage ist eine eigens durchgeführte Befragung von Lehramtsanwärter*innen, die im entsprechenden Kapitel ausführlich beschrieben und ausgewertet wird. Die dort gewonnenen Erkenntnisse werden auch in den nachfolgenden Forschungsfragen aufgegriffen.
4) **Welcher didaktische Gewinn liegt in der Verknüpfung von Zeit und Raum?**
   Dass Raum und Zeit unauflöslich miteinander verknüpft sind, gilt als physikalisch-philosophische Grundtatsache. Allerdings muss man sich im Alltagsleben dieser Grundtatsache nicht zwingend bewusst sein. Aus didaktischen Gründen erweist es sich aber als zielführend, wenn sich sowohl Lehrkräfte als auch Lernende diese Verknüpfung in konkreten Situationen verdeutlichen. Bei

der Beantwortung der oben gestellten Frage soll unter anderem auf einen mne-
motechnischen Kniff aufmerksam gemacht werden, bei dem zeitliche Prozesse
als räumliche Vorgänge umgedeutet werden. Besonders für Anwärter*innen
des Grundschullehramtes stellt dieses Kapitel nicht nur einen Zugewinn, sondern eine Voraussetzung dar, um die nachfolgend noch darzustellenden, in
der Primarstufe sehr wichtigen, linearen und zyklischen Hilfsvorstellungen
(besser) erfassen zu können.

5) **Über welche didaktisch-pädagogisch verwertbaren Potentiale verfügen
lineare und zyklische Hilfsvorstellungen zum Thema „Zeit"?**
Nach der erforderlichen theoretischen Vorarbeit zum linearen und zyklischen
Vorstellungsmodell von „Zeit" werden kreative Vorschläge für den praktischen
Einsatz beschrieben, die das Philosophieren mit Kindern über „Zeit" anregen
und fördern sollen.

6) **Wie und mit welchen Intentionen werden Veranschaulichungen von „Zeit"
in Lehrbüchern des Sachunterrichts eingesetzt?**
Im Rahmen einer Schulbuchanalyse sollen alle wesentlichen Aspekte der
vorstehenden Forschungsfragen in den Blick genommen und eingehender
untersucht werden. Darüber hinaus wird die Analyse auch statistische Aus-
künfte über den Umfang der Behandlung des Phänomens „Zeit" in den für
Nordrhein-Westfalen zugelassenen Lehrwerken geben.

Zeit – ein vielschichtiges Phänomen 2

...bis das Herz einen geregelten Schlag gibt,

der beginnende Tag liegt unentschlossen vor uns.

Wie eine noch nicht abgeschickte Nachricht...

[Mit freundlicher Genehmigung des Künstlers entnommen aus:

Prinz Pi – Strahlen von Gold/Sohn (2016)]

2.1 Begriffskonventionen zur „subjektiven" Zeit

Wohl kaum ein zweites, der Natur zugesprochenes Phänomen scheint die menschliche Ratio derart an und über die Grenzen des Verstandes zu bringen, wie es der Zeit gelingt. Je mehr Wissenschaftsdisziplinen sich an der Beantwortung der Frage nach der wahren „Natur" der Zeit beteiligen, umso näher liegt der Schluss, dass es sich bei „Zeit" um etwas Allumfassendes, einzelwissenschaftlich kaum Fassbares zu handeln scheint. Schon die Bemühung der begriffschirurgisch sonst so präzise waltenden Lexikologen scheitert, „Zeit" in einer enzyklopädischen Eindeutigkeit zu kategorisieren: Das freie Internet-Nachschlagewerk Wikipedia klassifiziert „Zeit" beispielsweise als „physikalische Größenart" (Wikipedia 2021), der Brockhaus u. a. als wahrnehmungspsychologisches „Vergehen von Gegenwart" (Brockhaus) und der Duden als deutsche Wörterbuchinstanz beschränkt sich auf die „Aufeinanderfolge der Augenblicke" (Duden 2021). Die Bandbreite an Definitionen kann hier nur marginal angedeutet werden.

© Der/die Autor(en), exklusiv lizenziert an Springer Fachmedien Wiesbaden GmbH, ein Teil von Springer Nature 2023
P. Raack, *Zeit und das Potential ihrer Darstellungsformen*, MINTUS – Beiträge zur mathematisch-naturwissenschaftlichen Bildung,
https://doi.org/10.1007/978-3-658-43355-0_2

Mit Gesprächspartner*innen unterschiedlicher wissenschaftlicher Couleur gehen häufig verschiedene Begriffskonventionen einher. Vor allem im vagen Wortfeld rund um den Kernbegriff „Zeit" lauern Mehrdeutigkeiten, die schnell am beabsichtigten Begriffscharakter ungewollt vorbeiführen. So versteht beispielsweise der Physiker unter „Zeitdehnung" im fachsprachlich engeren Wortsinn das real messbare, relativistische Phänomen der Zeitdilatation, während der Kognitionspsychologe darunter eine wahrnehmungstäuschende Scheinbarkeit versteht. Zum besseren Verständnis der vorliegenden Abhandlung sollen demnach im Folgenden begriffliche Abgrenzungen zum Thema „Zeit" vorgenommen werden, die angesichts der stark heterogenen Verwendung in pädagogischer Literatur und Forschung zwingend erforderlich sind. Das vorgestellte Begriffsmodell erhebt keinen Anspruch auf Vollständigkeit, es koppelt hauptsächlich an die Intentionen dieser pädagogisch-didaktisch orientierten Arbeit an und soll Mehrdeutigkeiten in den nachfolgenden Darstellungen vermeiden.

2.2   Subjektive Zeit

Unter „subjektiver" Zeit wird in erster Assoziation zumeist die Erscheinung verstanden, die Zeit verginge in bestimmten Situationen schneller, in wieder anderen langsamer als gewöhnlich. Im Vergnügungsfall oder in Momenten intensivster Konzentration entsteht der Eindruck, die Zeit sei schneller verstrichen als in beispielsweise unangenehmen oder ereignisärmeren Situationen, während derer die Zeit „still zu stehen" scheint. Einschlägige Literatur bezeichnet diese Erscheinung oft als „subjektive Zeitwahrnehmung", die situationsabhängig als ungleichförmig erfahren wird (vgl. Wittmann & Kübel 2020, S. 360). Wie wir im späteren Verlauf der Arbeit unter dem Stichwort „Zeitbewertung" noch erkennen werden, gibt uns die Zeit in Extremfällen nie, was wir gern von ihr verlangen würden: so verrinnt sie uns in amüsanten Momenten viel zu schnell, während wir sie gerne beschleunigen würden, wenn wir auf den Zug warten.

Diesen, in unserem individuellen Bewusstsein entstehenden Effekt, summarisch allein mit der Bezeichnung „subjektive Zeit" zu versehen, greift nach Auffassung des Autors zu kurz und muss mit anderen, ebenfalls subjektiven Wahrnehmungserfahrungen der Zeit in Verbindung gebracht und in Kontrast gesetzt werden.

Insbesondere vor dem Hintergrund des Umgangs mit dem Zeitbegriff in der Grundschule wird eine klare, mehrdimensionale begriffliche Ausdifferenzierung der „subjektiven Zeit" fundamental, da diese dort einen enorm hohen Stellenwert für die erste Sensibilisierung zum Thema „Zeit" besitzt, in ihrer gegenwärtigen

Praxis aber nahezu eindimensional gehandhabt wird, wie wir im späteren Kapitel zur Schulbuchanalyse erfahren werden.

In nachfolgender Tabelle 2.1 werden verschiedene Subjektivitätsformen der Zeitwahrnehmung präsentiert und anschließend prägnant beschrieben, die für den Umgang mit dem subjektiven Zeitbegriff in der Primarstufe relevant sind. Diese sind:

- Psychologisch-individuelle Zeitwahrnehmung
- Emotional-egozentrische Zeitwahrnehmung
- Altersbezogene Zeitwahrnehmung
- Physiologisch/biologisch

Tabelle 2.1 Subjektivitätsformen der Zeitwahrnehmung

| | Subjektivitätsformen der Zeitwahrnehmung | | | |
	Psychologisch-individuell	Emotional-egozentrisch	Altersbezogen	Physiologisch/biologisch
Alter	Altersunabhängig	Frühes Grundschulalter	Erfahrungs- bzw altersbedingt	Alterungsprozess
Begriffsgruppe	Gefühlte Zeit, psychologische/ psychische Zeit, Eigenzeit	Anfänge der erlebten Zeit, Erstöffnung des Zeithorizontes (vgl. Abb. 2.1)	Zeithorizont, Zeitperspektive, Zeitwinkel	altern, reifen, vergehen

Die *psychologisch-individuelle* Zeitwahrnehmung beruht auf dem fast schon tradierten Verständnis von subjektivem Zeitempfinden, wie es oben bereits angeklungen ist. Dieses persönliche, objektiv unzuverlässige Zeitempfinden im lebenslangen Wechsel zwischen Erlebnissen der Zeitdehnung (Langeweile, Informationsarmut, usw.) und Zeitstauchung (Spaß, Konzentration, Informationsfülle, kognitiver Anspruch, usw.) bildet das Gegenstück zur objektiven Zeit einer (idealen) Uhr, auf die wir noch zu sprechen kommen.

Als Ergänzung zum *psychologischen* Bestandteil dieser Subjektivitätsform deckt der Begriff der sogenannten „Eigenzeit" den *individuellen* Bereich des alltäglichen Zeiterlebens ab (vgl. Sieroka 2018). In diesem Konzept steht der Eigenzeit die „Weltzeit" konträr gegenüber. Hier rücken jedoch weniger Diskrepanzen von subjektiv empfundenen und objektiv messbaren Zeitspannen in den

Fokus, vielmehr zielt dieses Begriffspaar auf die Verzahnung von persönlicher Zeitpraxis und gesellschaftlichen Zeitabläufen ab. Wenn auf alltagspragmatischer Ebene die Rede von „Zeitdruck" oder „Zeitnot" ist, dann hinken wir mit unserer Eigenzeit dem gesellschaftlichen Zeitnormativ, der Weltzeit, hinterher. Eilen wir dieser voraus, betiteln wir es positiv gefärbt womöglich als „Zeitersparnis", negativ geprägt im Falle von zu viel „Zeitgewinn" als Langeweile. Wir werden uns unserer Eigenzeit also immer dann am deutlichsten bewusst, wenn Eigenzeit und Weltzeit – bildlich gesprochen – aus dem Takt geraten. Werden diese Arrhythmien ins Extreme gesteigert, können gar pathologische Ausmaße erreicht werden, die sich in manischen oder depressiven Tendenzen äußern (vgl. Fuchs 2001, S. 59). In diesem Modell wäre eine Idealvorstellung eine möglichst geringe Abweichung beider Zeiten, ohne jedoch *gänzlich* und *jederzeit* im Einklang zu sein.

Unter psychologisch-individuellem Zeitempfinden verstehen wir also nicht bloß das fortwährende Wechselspiel gedehnter und gestauchter Zeit im individuellen Zeiterleben, sondern ergänzen dies um die Komponente der Eigenzeit, die in bestmöglicher Resonanz zur Weltzeit stehen sollte. Vor allem Kinder müssen die Kollision eigener und erwachsener Zeitstrukturen in „Konflikten mit den Zeitnormen" (Müller 1969, S. 8) zunächst erfahren und die zeitliche Anpassungsfähigkeit in der Grundschule erlernen.

Die *emotional-egozentrische* Interpretation von subjektiver Zeit rückt in erster Linie die kindliche und ichbezogene Perspektive in den Vordergrund, Ichbezogenheit ist generell ein Modus des Wahrnehmens und Erkennens im frühen Kindheitsalter. Für unser Thema ist dieses Phänomen insbesondere für die frühen Grundschuljahre von zentraler Bedeutung, wenn auf persönlich-emotionaler Ebene kindgerechte Zugänge für die erste Sensibilisierung des sehr abstrakten Zeitkonzeptes bereitgestellt werden sollen. Dabei spielt die persönliche Bedeutsamkeit des eigenen Lebens und Erlebens von Zeit-Aspekten innerhalb der eigenen Wahrnehmungsgrenzen bei didaktischen Überlegungen die wichtigste Rolle. Exemplarisch seien dafür die ersten Reflexionen über den individuellen Tagesablauf erwähnt, die meist in den ersten beiden Schuljahren der Grundschule stattfinden.

Die *altersbezogene* Zeitwahrnehmung muss aufgrund ihrer potentiellen Bedeutungsweite präziser erläutert werden: Ebenfalls als subjektiv könnte man oberflächlich den persönlichen Eindruck bezeichnen, wonach das Vergehen der Zeit mit zunehmender Lebensdauer als stetig schneller wahrgenommen wird. („Meine Güte, wo ist nur die Zeit geblieben?"). Der im Laufe des Lebens stetig wachsende *Zeithorizont* ist in Abbildung 2.1 als waagerechter Balken dargestellt. Mit zunehmendem Alter überblicken wir eine immer größere Zeitspanne, die sowohl die immer größer werdende Vergangenheit als auch Zukunft umfasst, wie es die Abstandsvergrößerung vom Kind zum Senior in der Grafik andeutet. Für die angesprochene, subjektiv beschleunigt wahrgenommene Zeit im Alter ist die linke Hälfte des Zeithorizontes von Bedeutung, wenn wir im Gegensatz zu erwarteten, auf bereits erlebte Geschehnisse zurückblicken.

Im Verlaufe des Menschenlebens ist darüber hinaus auch die Entwicklung der subjektiven *Zeitperspektive* von besonderem Interesse. Im Folgenden soll dies am selbst entwickelten Modell aus Abbildung 2.1 beschrieben werden, das sich in entfernter Anlehnung an Tizians berühmtem Leinwandgemälde „Allegorie der Zeit" aus dem 15. Jahrhundert orientiert.[1]

Die spektralfarbige horizontale Achse symbolisiert die dem menschlichen Intellekt entsprungene Vorstellung einer Zeitstruktur, die wir in Vergangenheit, Gegenwart und Zukunft unterteilen.[2] Der Kreis, der dem Horizontbalken am nächsten ist, stellt das Kind dar; der ihm entsprechende zeitliche Blickwinkel und der Kreis sind der besseren Sichtbarkeit halber farbeinheitlich gehalten. In vertikaler Richtung nach unten ist die Lebenszeitachse abgetragen, auf der dem Kind der Heranwachsende, der Erwachsene und der Senior folgen. Wenn wir nun die verschiedenen Lebensphasen auffächern, kann die dynamische Entwicklung der subjektiven Zeitperspektive gut aufgezeigt werden.

So erkennen wir beim Heranwachsenden eine deutlich asymmetrische Verteilung, deren Schwerpunkt auf der Zukunft liegt. In der jugendlichen Pubertät sieht sich der Heranwachsende mit wesentlichen Fragen zu persönlichen und beruflichen Grundausrichtungen konfrontiert, woraus auf Grundlage der gegenwärtigen Selbstwahrnehmung freilich eine Zukunftsfokussierung erwächst. Im Rahmen seiner Identitätsbildung beschäftigt er sich zwangsläufig mit subjektiv bedeutsamen Fragestellungen, die teils weit in die Lebenszukunft hineinragen können. Nicht zuletzt wähnt sich der Jugendliche – hoffentlich – erst am Anfang seiner Lebenszeit und befindet sich in einer sensiblen Phase unmittelbar vor dem Übergang ins Erwachsenenalter, für das er zuvor in seiner bevorzugt prospektiven Haltung Vorstellungen und Ziele entwickelt hat.

Der Erwachsene verfügt hier stereotypisch über eine idealisiert symmetrische Zeitperspektive, die es ihm erlaubt sowohl zukunftsorientiert als auch aus

---

[1] In Tizians Gemälde sind drei Männer in unterschiedlichen Altersstadien porträtiert. Der junge Mensch blickt nach rechts, einzig der reife Mann zum Betrachtenden und der Greis nach links. Im Bild sind alle drei Köpfe Tieren gleichgestellt, die für unterschiedliche Tugenden stehen (junger Mann: treuer Hund, reifer Mann: königlicher Löwe, Greis: einsamer Wolf).

[2] Die Gegenwart ist hier lediglich als infinitesimaler Trennstrich als Übergang von Vergangenheit zur Zukunft zu verstehen.

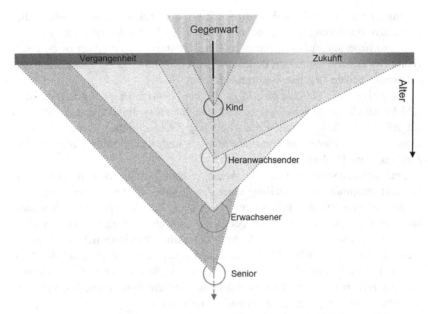

Abbildung 2.1 Altersdynamische Entwicklung von Zeithorizont und Zeitperspektive

der Erfahrung der inzwischen reflektierten Vergangenheit heraus im buchstäblichen Sinne umsichtig abwägend zu handeln. Während des Erwachsenenalters kommt es zu graduellen Verschiebungen der Zeitperspektive, die in Abbildung 2.1 jedoch nicht berücksichtigt wurden. Die anfängliche Priorisierung der Zukunft des jungen Erwachsenen ist leicht mit seiner zeitperspektivischen Herkunft aus dem Kindes- und Jugendalter erklärbar. Wenn dann biographisch richtungsweisende Erstentscheidungen getroffen worden sind, erfordern private Fragen nach Lebensgestaltung und Familienplanung eine mittel- bis langfristige Zukunftsgerichtetheit. Schreitet der Erwachsene nun im Zuge der Beantwortung ebenjener in seiner Lebenszeit voran, weichen anfangs zwingende Zukunftsorientierungen ersten Vergangenheitstendenzen, die zum Beispiel als subjektive Vergleichsschablone der eigenen und der aktuell erlebten Jugend („von heute") fungieren. Gleiches gilt, wenn Erinnerungen an die eigene Kindheit bei der Kindeserziehung als Orientierung herangezogen werden.

Der Senior repräsentiert den „terminalen" Post-Erwachsenen-Abschnitt. Als gespiegelter Ausgleich zur überwiegenden Zukunftsorientierung beim Heranwachsenden liegt im Seniorenalter das Hauptaugenmerk auf der persönlichen

Vergangenheit. Angesichts eines wahrscheinlichen, eher geringen noch zu erlebenden Anteils an der gesamten Lebensspanne und einer angenommenen Gleichförmigkeit der letzten Lebensphase, die weniger Planung bedarf, erscheint die überproportionale Retrospektive im einheitlichen Gesamtbild des Lebens auf natürliche Weise kompensatorisch. Der betagte Mensch kann in lebenslang gesammelten Erinnerungen schwelgen, sein Leben gesamtheitlich Revue passieren lassen oder sich gar in einer nostalgischen Lebensbeurteilung ganz in der Vergangenheit verlieren. Darin liegt wohl auch eine der größten Herausforderungen im Altern: im Übergang vom aktiv-lebensprotagonistischen Erwachsenen mit vereinnahmenden familiären und beruflichen Verpflichtungen zum Senioren- und Rentenalter, wenn „Platz" für die nächste Generation gemacht werden soll. Es muss aber auch erwähnt werden, dass Menschen – anders als in oberflächlich angedachten kompetenzorientierten Modellierungen – nicht beliebig oft in der Lage sind fundamentale Prozesse des Umlernens erfolgreich zu absolvieren. Die Vergangenheitsorientierung alter Menschen hat also auch damit zu tun, dass sie intensiver als jüngere Altersgruppen ausschließlich in den vergangenen Abläufen Handlungs- und Denkmuster suchen, die ihnen bei der Bewältigung aktueller und zukünftiger Probleme hilfreich sein können.

Bisher völlig unerwähnt blieb altersphasenübergreifend der wichtigste Aspekt im subjektiven Zeiterleben, nämlich der Bezug zur Gegenwart, zum aktuellen Moment, zum Jetzt. In unserer dreigliedrigen Vorstellung der Zeitdimensionen von Vergangenheit, Gegenwart und Zukunft besitzen sowohl rückblickende als auch vorausschauende Perspektiven ihre Notwendigkeiten, wie oben bereits beschrieben. Das Gegenwartserleben hingegen hat insofern eine exponierte Stellung inne, als sich just in diesem Moment der heranrauschende, noch zukünftige Augenblick durch die Gegenwart in ein vergangenes Ereignis gewandelt hat, auf das wir nun im Gedächtnis zurückblicken (können). Zur philosophischen Deutung vom Konzept der Gegenwart als Übergang von Zukunft in Vergangenheit sei an dieser Stelle auf einschlägige Literatur verwiesen, da wir den inhaltlichen Schwerpunkt auf die Subjektivität des gegenwärtigen Zeiterlebens und deren alltagspragmatischen Charakter legen möchten. Die subjektive Gegenwartswahrnehmung stellt ein hochaktuelles Forschungsfeld der Psychologie dar. Allein die zentrale Frage, wie unterschiedlich einzelne Individuen zum Gegenwartserleben befähigt sind, wird kontrovers diskutiert. Aber auch ohne wahrnehmungspsychologisches Hintergrundwissen wird den meisten Leser*innen intuitiv klar sein, dass der Mensch vorzugsweise mit seinen Gedanken in der Vergangenheit oder der Zukunft verhaftet sind, die Momente des Gegenwartserlebens sind dagegen relativ selten. Angesichts des sich stetig beschleunigenden Gesellschaftslebens und der damit einhergehenden Gewöhnung an instantane Verfügbarkeit verwundert es nicht, dass das Präsenzerleben auf Kosten einer verstärkten Zukunftsorientierung mehr und mehr verlorengeht (vgl. Wittmann & Kübel 2020, S. 362).

Zuoberst (vgl. Abb. 2.1) ist die kindliche Zeitperspektive positioniert worden, die im Vergleich zu späteren Entwicklungsstufen den geringsten zeitlichen Horizont aufweist. Damit sollen die in den Grundschuljahren relevanten, subjektiven Zeitintervalle (Stunde, Tag, Woche usw.) angedeutet werden, mit dem sich das Kind erstmalig befasst. Der dort dargestellte infantile „Zeitkegel" geht jedoch über die normale Zeitperspektive hinaus und umrahmt die Gegenwart, um die Exklusivität des Gegenwartserlebens im Kindesalter zu symbolisieren. Die konstitutive Antinomie des kindlichen und erwachsenen Zeitverständnisses muss im Rahmen pädagogisch-didaktischer Interaktionen ausdrücklich betont werden, da das Kind als „Gegenwartswesen" (Müller 1969, S. 7) und der zeitreflektierte Erwachsene kaum mehr Überschneidungsbereiche in der Zeiterfahrung besitzen. Nicht nur bei typisch kindlichen Tätigkeiten, wie dem Spielen, wird deutlich, dass es aus der Perspektive eines Erwachsenen ein Vorzug, wenn nicht gar ein beneidenswertes Privileg des Kindseins ist, sich regelrecht in das Gegenwartserleben zu versenken. Auch in Momenten intensivster Beschäftigung oder größtmöglicher Konzentration scheint sich das Kind in einem Zustand der Zeitlosigkeit zu befinden, von dem sich der zwangsgetaktete Lebensrhythmus des modernen erwachsenen Menschen zum Teil völlig entfremdet hat.

Die vollständige Gegenwartshingabe in der kindlichen Erfahrungswelt birgt jedoch auch Nachteile: wessen subjektives Zeitgefühl aus jeder zutiefst stimulierenden Begebenheit ein zeitvergessenes Gegenwartserlebnis macht, verspürt in Situationen der Abwesenheit von vergnüglicher Beschäftigung oder elterlich eingeforderter Geduld „entsetzliche Langweile" (Müller 1969, S. 50). Sie wird im höchsten Maße als unerträglich empfunden, erklärt sich aber leicht unter anderem vor dem Hintergrund eines noch nicht ausgebildeten Zeitbewusstseins – inklusive eines noch beschränkten Zeithorizontes – und (noch) fehlender reflexiver Distanz zu eigenen Bedürfnissen und deren Befriedigung(saufschüben). Weiter oben haben wir von der altersbezogenen, subjektiv wahrgenommenen Beschleunigung des Zeitvergehens gesprochen; interessanterweise steht dem eine inverse Entwicklungsrichtung des Verhältnisses zur Langeweile gegenüber (vgl. Schopenhauer 1988). Das Kind brauche also stets Beschäftigung und ist als Konsequenz seiner unausgereiften Selbstständigkeit außerstande der „quälend" empfundenen Langeweile zu entfliehen, während der Greis aus seiner altersbedingten Subjektivität heraus die Zeit ohnehin als immer schneller fließend wahrnehme und ein Gefühl der Langeweile somit gar nicht mehr entstehe (vgl. ebd.).

In diesem Rahmen gilt ein paradoxes Phänomen der Zeitwahrnehmung noch als erwähnenswert, das viel über die subjektive Bewertung von Zeit verrät: eine

Stunde auf einen Zug zu warten erscheint subjektiv länger als eine Stunde puren Vergnügens, da während der Wartezeit stärker auf die Zeit geachtet wird. In der Erinnerung jedoch verkehrt sich dieser Eindruck und die damals subjektiv empfundene, quälend lange Wartezeit auf dem Bahnsteig verkürzt sich, da in dieser Zeitspanne nichts Anregendes geschehen ist. Im Vergnügungsfall hingegen blickt man retrospektiv auf viele stimulierende Reize zurück, sodass die objektiv identische Zeitspanne als länger andauernd erinnert wird. (vgl. Wittmann & Kübel 2020, S. 363).

Die hier gewählten Beispiele lassen sich selbstverständlich auch größer dimensionieren. Der Heranwachsende ist vielen neuen Eindrücken und Reizen ausgesetzt, weshalb Phasen aus Kindheit und Jugend etwa häufig intensiv empfunden werden. Mit zunehmendem Alter greifen wir auf gewohnte Abläufe und Routinen zurück und sind generell weniger Veränderungen unterworfen, sodass der Eindruck des sich beschleunigenden Zeitverlaufs im Alter noch verstärkt wird (vgl. Wittmann & Kübel 2020, S. 362).

2.3   Objektive Zeit

Die nachfolgenden Ausführungen umreißen den Begriff der objektiven Zeit bis zu einem Maß, das dem primär didaktisch-pädagogischen, alltäglichen Anspruch der vorliegenden Arbeit genügt. Im Vergleich zur subjektiven Zeit existieren bezüglich objektiver Zeit in zeittheoretischer Literatur weit weniger divergente Definitionsbemühungen, weshalb sich hier unter anderem an den zehn zeittheoretischen Grundsätzen nach Aristoteles orientiert wird (vgl. Detel 2021, S. 39).

In Abgrenzung zur zuvor beschriebenen subjektiven Zeit kann objektive *Zeit* aufgefasst werden als „gemessenes, metrisch organisiertes Ordnungsschema von Bewegungsphasen" (Detel 2021, S. 39). So kann die objektive Zeit eine Uhrzeit- oder Intervallangabe sein, aber zum Beispiel auch ein dem Kalender inbegriffener Wert (Wochentag, Monat, Jahr usw.). Andere Definitionen von objektiver Zeit stützen sich auf ähnliche Grundannahmen, wie etwa SIEROKA, der sie schlicht als „physikalische Zeit, die eine Uhr misst bzw. anzeigt" beschreibt. (vgl. Sieroka 2018, S. 10).

Darüber hinaus spielt die Relationalität bei der objektiven Zeit eine gewichtige Rolle. Analog zu räumlichen Beschreibungen, die erst in Relation zueinander sinnvoll sind (A liegt westlich von B; C befindet sich unter D), funktionieren zeitliche Angaben ebenfalls nur mit relativen Bezügen: A ist früher als B, C ist später als D (vgl. Detel 2021, S. 46). An dieser Stelle wird schon die linear geprägte

Zeitvorstellung erkennbar, die in späteren Kapiteln aufgegriffen und mit zykli-schen Modellen auf deren didaktisch-pädagogische Verwertbarkeit hin geprüft werden wird (vgl. 8).

Für die Unterscheidung von subjektiver und objektiver Zeit ist ein weiterer Aspekt für das Verständnis der vorliegenden Arbeit von Interesse: so liegt bei sub-jektiver Zeit der Fokus auf einer individuellen *Erfahrung*, also auf einem mentalen Prozess (vgl. Detel 2021, S. 47). Die objektive Zeit hingegen ist vom Individuum losgelöst und kann – philosophisch interpretiert – als Bestandteil „universale[r] Realität" (Micali 2014, S. 186) betrachtet werden.

Damit gelingt uns eine umgängliche Abgrenzung von objektiver Weltzeit und subjektiver Erfahrungszeit, wobei letztere Definition den Menschen enger in den Fokus rückt und damit eine pädagogische Dimension im Rahmen des Grundschulunterrichts erhält.

Die Zeit und ihre Darstellungsformen: analog oder digital?

3

Dieses Kapitel bespricht einen fundamentalen Berührungspunkt des Menschen mit der wissenschaftlich definierten, „objektiven" Zeit, den wir über die Uhr herstellen. Die Zeit, als das für uns womöglich abstrakteste Phänomen des Universums, wird für den menschlichen Erfahrungsapparat mit Hilfe dieses Messinstruments zumindest indirekt sicht- und wahrnehmbar, indem auf eine beliebige, aber periodisch (idealerweise) konstante Bewegung zurückgegriffen wird, um über ein normiertes Zeitmaß von globaler Konvention zu verfügen. Neben dieser technischen Herausforderung, derer sich seit Jahrhunderten ein ganzes Handwerk widmet, muss nun noch – wie bei jedem anderen Messgerät – über die Darstellung des „Ergebnisses" entschieden werden. In der Literatur existieren unzählige Abhandlungen über die Entwicklung der Zeitmessung, die in der Regel technisch, physikalisch oder auch astronomisch gefärbt sind. Die Funktionsweisen historischer Uhren werden hier demzufolge nicht erneut repetiert, es sollen vielmehr die verschiedenen Darstellungsformen der Uhrzeit auf diverse Aspekte hin beleuchtet werden, die sich für didaktische Fragestellungen als dienlich erweisen.

Im Verlaufe der modernen Menschheitsgeschichte entwickelte sich eine Vielzahl an unterschiedlichen Anzeigeformen der Zeit. Die bis vor wenigen Jahrzehnten nahezu einzige Variante ist jene mit sich bewegenden Zeigern vor einem kreisförmigen Zifferblatt, bis zum Ende des 20. Jahrhunderts die ersten Digitaluhren aufkamen und eine nützliche Alternative zur Analoguhr boten.[1] Seit geraumer Zeit schwelt in der breiten Öffentlichkeit eine Diskussion über die

---

[1] Der Begriff „Analoguhr" ist ein Retronym. In Abgrenzung zur neu entstandenen Digitaluhr konnte die Zeigeruhr auf diese Weise von ihr unterschieden werden. In Abschnitt 2.1 wird sich dem Begriffspaar „analog" und „digital" ausführlicher gewidmet.

© Der/die Autor(en), exklusiv lizenziert an Springer Fachmedien Wiesbaden GmbH, ein Teil von Springer Nature 2023
P. Raack, *Zeit und das Potential ihrer Darstellungsformen*, MINTUS – Beiträge zur mathematisch-naturwissenschaftlichen Bildung, https://doi.org/10.1007/978-3-658-43355-0_3

Abschaffung analoger Uhren an Schulen, welche sich die vorliegende Untersuchung unter anderem zum Anlass nimmt, um dieser kontroversen, mitunter sehr subjektiv und emotional geführten Debatte Substanz zu verleihen.

Am Beispiel der beiden gebräuchlichsten Darstellungsarten der Uhrzeit sollen darüber hinaus grundlegende Unterschiede zwischen Skalen- (analog) und Ziffernanzeigen (digital) für den didaktischen Einsatz herausgearbeitet werden. Im Zuge dessen werden fundierte Handlungsempfehlungen für den gewissenhaften Umgang mit beiden Anzeigearten und deren erkenntnisleitende Tauglichkeit im (naturwissenschaftlichen) Unterricht offeriert und die besondere Bedeutung für den Erstkontakt im Primarstufenbereich hervorgehoben.

Bei der Bewertung didaktisch geeigneter Repräsentationsformen der Uhrzeit kann sich ein konzentrierter Blick in kognitionspsychologische Literatur als überaus hilfreich erweisen. Die dort insbesondere auf der psychologischen und physiologischen Wahrnehmungsebene gewonnenen Erkenntnisse werden im Anschluss auf ihre Bedeutsamkeit für den sinnstiftenden schulischen und alltäglichen Umgang mit beiden Formaten hin überprüft und didaktische Potentiale aufgezeigt. So können ausgehend von der zyklischen Vorstellung der Zeit beispielsweise an geeigneten Stellen disziplinverbindende Brücken geschlagen werden, die unter anderem zu einem philosophischen Austausch mit Kindern zum Thema „Zeit" führen.

3.1   Definitorische Vorbemerkungen zu den Begriffen „analog" und „digital"

Für die Vermeidung von Missverständnissen im Umgang mit Begriffen von zentraler Bedeutung für das anlaufende Kapitel sind möglichst trennscharfe, inhaltliche Abgrenzungen wünschenswert. Ganz besonders erforderlich erscheint dies angesichts des Homonyms „analog", dessen Bedeutung im Vergleich zu seinem häufig vorgeschlagenen Antonym „digital" kontextuell wandelbar ist.

Das Wort „analog" entstammt ursprünglich dem Griechischen ($\dot{\alpha}\nu\dot{\alpha}\lambda o\gamma o\varsigma$) und bedeutet so viel wie „verhältnismäßig" oder auch „entsprechend" (Pfeifer 2004, S. 38). Diesem Wortsinn noch sehr eng verwandt ist das geläufige, zumeist bildungssprachlich verwendete „analog", das synonym zu „ähnlich", „vergleichbar" oder „gleichartig" gebraucht wird (Duden 2019a). Erste semantische Abweichungen seiner etymologischen Bedeutung manifestieren sich in Translationen aus dem Bereich der elektronischen Datenverarbeitung, die „analog" mit „kontinuierlich" und „stufenlos" beschreiben (ebd.). Genauer gesagt ist damit die wert- und zeitkontinuierliche Beschaffenheit eines Signals – oder einer

physikalischen Größe – gemeint, die sich am besten mit einer zeitlich veränderlichen, stetig ableitbaren Funktion veranschaulichen lässt (vgl. Werner 2017,
S. 24–27).

   Am Beispiel der in Abbildung 3.1 illustrierten Sinuskurve kann der Bedeu-
tungskern der informationsverarbeitenden Interpretation von „analog" gut verstanden werden, denn rein theoretisch ist es möglich, dass auf der Ordinate
in der einfachen Sinusfunktion im Amplitudenintervall von −1 bis +1 *jeder*
beliebige Wert angenommen werden kann. Exemplarisch für ebenjene wertkonti-
nuierliche, physikalische Größen seien an dieser Stelle Druck (z. B. Schalldruck),
elektrische Spannung (z. B. bei Umwandlung von akustischen zu elektrischen
Signalen) oder aber auch Temperatur genannt. Die „Zeit" als physikalisches Phänomen kann dieser Aufzählung nicht zweifelsfrei hinzugefügt werden, da ihre
„wahre Natur" für uns mutmaßlich nie vollkommen begreiflich sein wird. Auf
ihre Repräsentationen in Form von Analog- und Digitaluhren, die in ihren eigenen
Formaten unterschiedliche Zeit-Interpretationen zumindest suggerieren, kommen
wir in Abschnitt 3.2 zu sprechen.

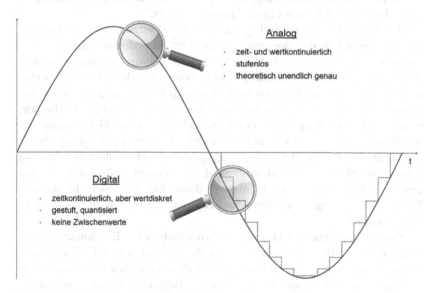

Abbildung 3.1 „Analog" als wert- und zeitkontinuierliche, „digital" als wertdiskrete Interpretation

Dem idealisierten, kontinuierlichen Charakter eines analogen Signals steht die diskontinuierliche, diskret-quantisierte Eigenschaft einer digitalen Information gegenüber. Unterhalb der Abszisse in Abbildung 3.1 ist der zeitlich konstante, aber vertikal ausschließlich sprunghafte Verlauf eines digitalen Signals zur Verdeutlichung des Unterschieds zur harmonischen Sinuskurve aufgetragen. In diesem technischen Kontext bedeutet „digital" „in Stufen erfolgend" oder „in Einzelschritte aufgelöst" (Duden 2019b), das vom englischen „Digit" (für Ziffer, ebd.) herrührt. Im technisch engeren Wortsinn beschreibt dies auch das Hin- und Herspringen zwischen zwei Zuständen.

Die Antonyme „analog" und „digital" existieren jedoch nicht nur im Bereich der elektronischen Informationsverarbeitung, sondern fungieren auch als Differenzierungsmöglichkeit unterschiedlicher Medien. Als „analog" wird demnach auch etwas Plastisches, Körperliches oder Materielles bezeichnet, das sich damit von einer displaygebundenen, elektronischen Variante abgrenzt. „Digital" meint demzufolge hier etwas Virtuelles, das sich auf einer beliebigen Form eines Bildschirms befindet. Ein Beispiel dafür sind Bücher, Zeitungen oder andere Druckerzeugnisse (analog) im Vergleich zur vom Computer simulierten, bildschirmbasierten Version (digital) desselben Textes.

Im letzten und für die vorliegende Arbeit bedeutendsten Anwendungsgebiet des gegensätzlichen Begriffspaares „analog" und „digital" rückt die Uhr, genau genommen die Darstellung der Uhrzeit ins Zentrum des Interesses. Ohne Beachtung des zugrunde liegenden, meist verborgenen elektrischen oder mechanischen Antriebs bezeichnen wir heutzutage eine Uhr als „analog", wenn ihre Anzeige über ein Zeigersystem auf einem sich dahinter befindlichen Zifferblatt verfügt (vgl. Brockhaus 2019). Der begriffliche Zusatz zur bisher unmissverständlichen „Uhr" wurde notwendig, um diese von der später aufkommenden Digitaluhr zu unterscheiden, die die gegenwärtige Uhrzeit ihrer Bezeichnung gemäß ausschließlich mit Ziffern darstellt. Der Terminus „Analoguhr" gehört damit zur Begriffsklasse der Retronyme, deren Zweck faktisch die rückwirkende Neubenennung ist, um das Klassische vom neu Entstandenen präziser zu unterscheiden.[2]

Während die digitale Uhr eine wörtlich naheliegende Bezeichnung erhielt (engl. *digit* = Ziffer), lässt die Wahl des Zusatzes „analog" für die Zeigeruhr Raum für Interpretationen. Es kann gemutmaßt werden, dass die Zuschreibung „analog" – in Anlehnung an die technische Begriffsauffassung – primär als

---

[2] Andere Beispiele sind etwa die akustische Gitarre (E-Gitarre), Erster Weltkrieg (Zweiter Weltkrieg) oder Schwarzweißfernseher (Farbfernseher).

das nahe liegende Gegenwort zu „digital" aufgefasst wurde. Da sich die beiden Adjektive im allgemeinen Sprachgebrauch jedoch auf die Darstellung der Uhrzeit beziehen, kann die Bezeichnung „analog" womöglich auch auf den kontinuierlichen, stufenlosen Umlauf der Stunden- und Minutenzeiger abzielen. Die diesem Verständnis folgende Gegensätzlichkeit der diskreten Uhrzeitwerte der Digitalanzeige unterstützt diese Vermutung. Das Zifferblatt der Analoguhr besitzt streng betrachtet auch diskrete Werte, je nach Vorhandensein von Stunden- und Minutenzeiger. Der rotierende Zeiger hingegen bewegt sich im Kreis, legt also eine vollständige 360-Grad-Umdrehung zurück. Zur Betonung der analogen Stufenlosigkeit ist auch Folgendes denkbar: lösen wir uns nur für einen Moment gedanklich von diesen 360 Grad, sind auch unendlich viele Abschnitte mathematisch denkbar, in die der Vollkreis unterteilt werden könnte.

Darüber hinaus trifft aber auch die oben erwähnte Auslegung von „analog" aus dem Vokabular der Medienwissenschaft zu, wonach die Analoguhr mit materiellen, sich räumlich bewegenden Zeigern als etwas Real-Materielles verstanden wird. Das antonymische „digital" im Sinne des Mediums meint dagegen die bildschirmbasierte Anzeige im Zifferformat (als etwas Nicht-Anfassbares). Im Zeitalter hochauflösender mobiler Endgeräte (Smartphones, Smartwatches, Tablets, Notebooks) gibt es freilich auch die Option, die Uhrzeit im analogen Format auf einem Display zu simulieren. In diesem Fall fiele die materielle Bedeutungskomponente von „analog" weg und reduzierte sich auf seinen „kontinuierlichen" Wortgehalt.

Die zuvor an Wortklauberei grenzende, minutiöse Differenzierung analoger und digitaler Anzeigeformate am Beispiel der Uhr lässt sich auch auf didaktisch relevante Messgeräte gewinnbringend transferieren. Die im naturwissenschaftlichen Schulunterricht zum Einsatz kommenden Messinstrumente stehen üblicherweise in beiden Ausführungen zur Verfügung, die in der Messtechnik in Skalen- (analog) und Ziffernanzeigen (digital) unterteilt werden (vgl. 3.2.1). Stellt dies noch eine Frage der Ablesegeschwindigkeit und -genauigkeit dar, sollen analoge und digitale Anzeigen – auch Uhren – zudem auf deren Abstraktionsdimension hin umfassend beleuchtet werden. In den nachfolgenden Abschnitten werden unter anderem auch deren erkenntnispraktische Vor- und Nachteile untersucht und adressatensensible Handlungsvorschläge formuliert, die sich hauptsächlich auf die noch folgende fundierte Analyse beider Uhrzeitformate stützen.

Tabelle 3.1 fasst der Übersichtlichkeit halber die verschiedenen Bedeutungen der Antonyme „analog" und „digital" kategorisch zusammen. Die Interpretationen „ikonisch-zyklisch" und „symbolisch-numerisch" im Begriffsfeld der Uhr stellen dabei einen Vorgriff auf die nachfolgenden Abschnitte dar. An dieser Stelle genügt die Erläuterung, dass es sich dabei um eine Einstufung des Abstraktionsmaßes analoger und digitaler Uhrzeitformate handelt.

Tabelle 3.1 Kontextgebundene Bedeutungen der Antonyme „analog" und „digital"

	Uhr	Technik/Phänomen	Medium
ANALOG	ikonisch-zyklisch, Zeigersystem	kontinuierlich	materiell, gegenständlich
DIGITAL	symbolisch-numerisch	diskret	virtuell, bildschirmgebunden, elektronisch

3.2 Zeitrepräsentationen

In den nachfolgenden Unterkapiteln werden ausschließlich die unterschiedlichen Darstellungsformen der (Tages-) Zeit betrachtet. Die Antriebsarten der in den Blick genommenen Uhren, ob nun chemisch, elektrisch oder mechanisch, spielen im Rahmen dieser Beurteilungen nur eine untergeordnete Rolle, da sich diese Passage der vorliegenden Arbeit primär für die sichtbare Veranschaulichung der Zeit und ihres *Verstreichens* interessiert. Auf einer tiefergehenden, pädagogischen Ebene, die die flüchtige Erfassung der Uhrzeit übersteigt, kann ein solcher Vergleich verschiedener Darstellungsformate unter anderem dazu beitragen, künftig in den richtigen (Lehr-) Situationen das geeignete Uhrzeitformat zu wählen. So sind digitale Messinstrumente bei Messung der Stromstärke im einfachen Stromkreis der besseren Ablesbarkeit halber sicherlich zu bevorzugen, während bei Versuchen zur Induktion oder anderen unterrichtszulässigen Wechselspannungen zwingend Zeigerinstrumente das Mittel der Wahl sein müssen. Das folgende Kapitel liefert neben den Begründungen zum erwähnten Beispiel den Bezug zu analogen und digitalen Zeitanzeigen, die nun aus technischer Sicht zunächst als Messgeräte betrachtet werden (Abbildung 3.2).

Abbildung 3.2 Diverse Uhrtypen unterschiedlichen Typs und Formates

3.2.1 Die Uhr als Messgerät

3.2.1.1 Skalen- und Ziffernanzeigen

Begreifen wir die Uhr zunächst als technisches *Messgerät*, das ein „Messergebnis" ausgeben möchte, lassen sich analoge Uhren Messgeräten mit *Skalenanzeigen* zuordnen, während Digitaluhren Messgeräten mit *Ziffernanzeigen* entsprechen. In der Norm 1319–2 des Deutschen Institutes für Normung (DIN) zu den „Grundlagen der Messtechnik" sind Begriffe für Messmittel definiert, darunter auch Messgeräte mit Skalenanzeigen, die wie folgt lautet: „Messgerät* [Hervorhebung im Original], bei dem sich eine Marke meist kontinuierlich auf eine Stelle der Skale [...] einstellt" (DIN 1319–2, S. 4). Ergänzend heißt es dort in einer Anmerkung, dass es sich bei der „Marke" unter anderem um einen Zeiger oder einen Flüssigkeitsmeniskus handeln könne (vgl. ebd.). Die Skale entspricht im Wortschatz der Uhr dem Zifferblatt, das äußerlich zumeist nicht sichtbar aus mehreren Skalen besteht (12er-Skala für Stunden, 60er-Skala für Minuten und Sekunden). Für die Belange dieser Abhandlung ist bei der erwähnten Definition einer Skalenanzeige besonders die Bezeichnung „kontinuierlich" interessant, da sie sich mit dem technischen Synonym für „analog" des vorangegangenen Abschnittes deckt und Anknüpfungspunkte für die weitere Verwendung bereitstellt (vgl. 2.1).[3]

In der Definition der Messgeräte mit Ziffernanzeige heißt es, es handele sich dabei um ein „Messgerät*, bei dem die Anzeige* [Hervorhebungen im Original] unmittelbar durch Ziffern erfolgt" (DIN 1319–2, S. 5). Der Zusatz „unmittelbar" suggeriert intuitiv eine vorteilhafte Tönung derartiger Anzeigen, womit

---

[3] Es scheint sich dabei um einen Fallstrick der deutschen Sprache zu handeln, denn sowohl in der englischen als auch in der französischen Übersetzung für „Skalenanzeige" in der DIN 1319–2 werden analogue (eng.) bzw. analogique (franz.) verwendet.

an dieser Stelle mutmaßlich die direkte, schnelle Erfassung der Information
gemeint ist. Im späteren Verlauf werden wir noch sehen, dass die Beschrän-
kung auf diesen (vermeintlichen) Vorzug allein zu kurz greift. Abbildung 3.3
veranschaulicht die beiden Anzeigeformate am Beispiel eines Flüssigkeitsgl-
asthermometers mit analoger Skalenanzeige und einem Digitalthermometer mit
bezifferender Bildschirmanzeige.

Abbildung 3.3
Thermometer verschiedener
Formate, Skalenanzeige
(links) und Ziffernanzeige
(rechts)

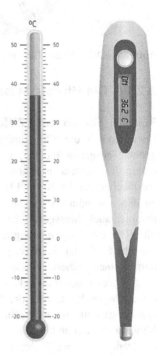

In Ergänzung zu den teilweise in Konflikt stehenden Bedeutungen des
Begriffspaares „analog" und „digital" sind in der erwähnten Norm die „Messme-
thoden" in eine analoge und digitale Messmethode ausdifferenziert. Die analoge
Methode wird als „stufenlose Verarbeitung des Messsignals" (ebd., S. 12) am Beispiel der Temperaturmessung mit einem Flüssigkeitsglasthermometer beschrieben
und legt damit eine Darstellung via „kontinuierlicher" Skalenanzeige nahe. Der
Transfer auf eine analoge Uhr kann hier ohne Weiteres jedoch nicht erfolgen:
Wenn die Zeit, oder das Verstreichen der Zeit, in diesem Jargon ein Messsignal verkörpert, dessen „Ergebnis" (Uhrzeit) mit einer sich potentiell lückenlos
bewegbaren Marke (Zeiger) auf einer Skala (Zifferblatt) angezeigt wird, bedeutet

das nicht, dass die Zeit an sich kontinuierlich verstreicht. Generell erfolgt die Zeitmessung über eine Abzählung periodischer Ereignisse, wie es beispielsweise in einer mechanischen Pendeluhr mit der Anzahl gehemmter Schwingungen realisiert wird.[4] Könnten wir die Zähleinheiten unendlich klein werden lassen, so näherten wir uns einem kontinuierlichen Charakter an. Für die Anschaulichkeit rotierender Zeiger auf einem fixierten Zifferblatt mag hier die gleichförmige, stufenlose Bewegung der Zeiger auf einer Uhr ein kontinuierliches Vergehen der Zeit versinnbildlichen.

Demgegenüber steht die „stufenweise Verarbeitung des Messsignals" (DIN 1319–2, S. 12) der digitalen Messmethode, die auch schlicht als „Zählung" bestimmter Ereignisse umschrieben werden kann. Zur Messung eines konventionellen Zeitmaßes muss dieser Definition noch das Kriterium periodisch ablaufender Ereignisse hinzugefügt werden, wie dies zum Beispiel in elektronischen Uhren mit einem Quarzkristall vonstattengeht.

Eine in diesem Zusammenhang weiterhin interessante europäische Norm aus dem Bereich der Ergonomie betrifft die benutzerfreundliche „Gestaltung von Anzeigen" (DIN EN 894–2, S. 6) an Maschinen für gewerbliche und private Zwecke, die Empfehlungen über Auswahl und Gestaltung von Anzeigen enthält und ergonomische Anforderungen für optische, akustische und taktil erfassbare Anzeigen angibt.[5] Ganz allgemein wird dort eine Anzeige als „Einrichtung zur Informationsdarstellung" (ebd.) definiert, die im Falle einer analogen Anzeige als „Darstellung eines Zustandes als Funktion von Länge, Winkel oder einer anderen Größe" (ebd.) fungiert. Die Zeigeruhr entspricht demgemäß mit ihrem Zifferblatt einer Zustandsdarstellung (Uhrzeit) als Funktion zweier Winkel (ausgehend von einem Stunden- und Minutenzeiger) bzw. Zeigerstellungen, die in Kombination zueinander abgelesen und als Uhrzeit interpretiert werden. Digitale Anzeigen hingegen werden prägnant als solche definiert, „auf der die Information durch Ziffern dargestellt wird" (DIN EN 894–2, S. 6).

Neben den – für die Ablesung der Uhr weniger interessanten – anthropometrischen Aspekten des optischen Wahrnehmungsprozesses sämtlicher Anzeigen, erwähnt diese Norm auch Vor- und Nachteile analoger und digitaler Anzeigen, die in Tabelle 3.2 überblicksartig aufgeführt sind.

---

[4] Für unsere Absichten sind die technischen Feinheiten der Zeitmessung nicht von Belang. Für das Verständnis der Arbeit reicht die hier erwähnte, grundlegende Kenntnis zentraler Prozesse der Zeitmessung aus.

[5] Taktile Reize sind jene mit dem Tastsinn erfahrene Eindrücke.

Tabelle 3.2 Wahrnehmungsaufgabenabhängige Empfehlung geeigneter Anzeigeformate, Angaben entnommen aus DIN EN 894–2, S. 16 ff.)

Anzeigeformat	👍	🤚	👎	Kommentar
	Erfassen des Messwertes			Zifferndarstellung ermöglicht *direkte* Informationsaufnahme
Analog		🤚		
Digital	👍			
	Kontrollablesung			Ein flüchtiger Blick genügt der Kontrolle bzgl. Übereinstimmung mit erwartetem Wert
Analog	👍			
Digital			👎	
	Überwachung von Messwertschwankungen			Räumlich bewegte Marken ermöglichen schnellere Rückschlüsse auf Schwankungsmaße
Analog	👍			
Digital			👎	
	Kombination von Wahrnehmungsaufgaben			Analoge Anzeigen erleichtern das simultane Erfassen verschiedener Skalen
Analog	👍			
Digital			👎	
	Sonstiges			Digital: raumökonmisch, quantitative Präzision Analog: anwendungsflexibel, qualitative Anschaulichkeit
Analog	👍	🤚	👎	
Digital				

Es werden drei häufige Wahrnehmungsaufgaben benannt und die Eignung des analogen und digitalen Anzeigeformats mit *empfohlen* (Daumen nach oben), *geeignet* (waagerechter Daumen) und *ungeeignet* (Daumen nach unten) bewertet (vgl. DIN EN 894–2, S. 18). Die vierte Kategorie beinhaltet die Kombination verschiedener Wahrnehmungsaufgaben. Zur Klarstellung sei angemerkt, dass in Tabelle 3.2 mit analogen Anzeigen neben voll- und teilzyklischen Zeigeranzeigen auch horizontale und vertikale Skalen (z. B. Thermometer, Pegelstand etc.) mit inbegriffen sind.

3.2.1.2 Ablesen eines Messwertes

Am auffälligsten ist die überwiegend als *ungeeignet* beurteilte Einstufung digitaler Anzeigen, mit Ausnahme der Kategorie „Erfassen eines Messwertes", in der deren Verwendung im Vergleich zu analogen Anzeigen *empfohlen* wird. Diese stark einseitig konzentrierte Anwendungsempfehlung überrascht angesichts der zuvor formulierten, den Anschein einer Allgemeingültigkeitsaussage erweckenden Richtlinie: „Weil digitale Anzeigen nur wenig Raum beanspruchen und große Ziffern darstellbar sind, sollten digitale Anzeigen bevorzugt werden" (ebd., S. 12). Die auf diese Weise bestmögliche, optische Deutlichkeit ermöglicht eine sichere, direkte Ablesung des angezeigten Wertes. Der platzökonomische Aspekt mag auch dafür verantwortlich sein, dass sich das digitale Uhrzeitformat auf sämtlichen elektronischen Bildschirmgeräten etabliert hat, da mit dem zumeist gering vorhandenen Raum auf dem Display eine Darstellung mit größtmöglichen Ziffern sinnvoller als die Darstellung eines nicht vollständig identifizierbaren Zifferblattes erscheint. Sollen darüber hinaus mehrere Ziffern angezeigt werden, empfiehlt die Norm eine zwei- bis dreistellige Gruppierung zur besseren Erfassung (vgl. ebd.).

Analoge Anzeigen weisen demzufolge Nachteile in der direkten, präzisen Identifikation des Messwertes auf – auch wenn sie dafür immer noch als *geeignet* bezeichnet werden – erhalten jedoch in allen anderen Wahrnehmungsaufgaben das Prädikat *empfohlen*. Ergänzend muss zur direkten Ablesung eines Messwertes noch zwingend erwähnt werden, dass die Wahl des geeigneten Formates stets eine Frage der erwünschten und zweckmäßigen Mess- bzw. Anzeigegenauigkeit bleibt. Auf den Aspekt der „Genauigkeitsökonomie" kommen wir noch im Abschnitt zur (auch didaktischen) Grundfrage hinsichtlich einer angemessenen und erforderlichen Genauigkeit von Uhren im Alltagsgebrauch zurück. Aber insbesondere bei der zentralen Frage des Kapitels nach einer didaktisch umsichtigen Bewertung beider Uhrzeitformate und deren Verwendungssinn, wird der hier angerissene Konflikt intensiv behandelt werden (vgl. Abschnitt 4.2.4).

3.2.1.3   Kontrollablesung

Im Falle der „Kontrollablesung" etwa ist keine besondere Genauigkeit im Nach-
kommastellenbereich erforderlich, weshalb digitalen Anzeigen keine Eignung
für solche Wahrnehmungsaufgaben bescheinigt wird. Laut der Norm reiche
eine Überprüfung „mit einem kurzen Blick [...], ob der angezeigte Wert mit
einem voreingestellten Wert übereinstimmt oder ob der Wert innerhalb eines
Toleranzbereiches liegt" (ebd., S. 16). Dafür ist u. a. die kognitive Verarbeitungs-
geschwindigkeit von Bildern verantwortlich, die im Gegensatz zu Symbolen und
Ziffern auf einer anderen Abstraktionsebene kommunizieren (vgl. Abschnitt 6.3).

   In Abbildung 3.4 bewegt sich das Fahrzeug momentan mit einer Geschwindigkeit von etwas mehr als 40 Stundenkilometern fort. Um den flüchtigen
Blick während einer Fahrt in geschlossenen Ortschaften mit einer Höchst-
bzw. Richtgeschwindigkeit von 50 km/h wahrnehmungserleichternd zu unterstützen, ist das Intervall zwischen 50 und 60 km/h häufig eingefärbt.[6] Eine
weitere Flächenmarkierung befindet sich knapp oberhalb der 30 km/h, um die
Geschwindigkeitsorientierung in 30er-Zonen zu begünstigen.

Abbildung 3.4
Momentane
Geschwindigkeitsanzeige
mit ausgezeichneten
Intervallen (Mitte),
Tankfüllstand (links) und
Ausschnitt des
Drehzahlmessers (rechts)

   Übersetzen wir diesen flüchtigen Kontrollblick bei einem beliebigen Messgerät
auf die Ablesung der Uhr, um beispielsweise zu überprüfen, ob ein vorgedachter
Zeitpunkt eingetreten (voreingestellter Wert) oder wie viel Zeit noch bleibt bzw.
bereits verstrichen (Toleranzbereich) ist, mag dies ebenjener Kontrollablesung
nahekommen. Kontrollhandlungen optischer Reize können generell so beschrieben werden, dass der geplanten Überprüfung des Messwertes ein zu erwartendes

---

[6] Laut Straßenverkehrsordnung handelt es sich dabei selbstverständlich um eine zulässige
Höchstgeschwindigkeit in geschlossenen Ortschaften. Es sei dennoch von einer tatsächlich
umgesetzten Richtgeschwindigkeit im Sinne eines akzeptablen Preis-Leistungs-Verhältnis
die Rede.

„Bild-Ergebnis" kognitiv vorgeschaltet wird, um in leicht unterscheidbaren Kategorien wie „(nahezu) übereinstimmend" vs. „(signifikant) abweichend" urteilen zu können. Analog dazu seien Bilderrätsel erwähnt, bei denen zwei nahezu identische, nebeneinander aufgeführte Bilder sich lediglich in Details unterschieden, die es zu identifizieren gilt. Eine digitale Anzeige hingegen liefert eine Ziffernangabe, deren Wert ebenfalls mit dem Erwartungswert in Beziehung gesetzt werden muss. Da dies aber nicht bildlich, sondern quantitativ erfolgt und die mathematische Operation einer Differenzbildung erfordert – dem Benutzenden sei die sichere Beherrschung der Subtraktion im Kopf unterstellt – erscheint eine Bevorzugung analoger Anzeigen zu diesem Zweck plausibel.

3.2.1.4 Überwachung von Messwertschwankungen

Zur Überwachung von Messwertschwankungen eignen sich laut der europäischen DIN-Norm ebenfalls in erster Linie analoge Anzeigen. Dabei handelt es sich um einen Wahrnehmungsprozess, bei dem „der Beobachter die Richtung und die Änderungsgeschwindigkeit der Messwerte erfasst" (DIN EN 894–2, S. 16). Die Richtung, also die Zu- oder Abnahme des Messwertes, geht unmittelbar aus der räumlichen Bewegung der Zeigermarke analoger Anzeigen hervor. Die Effizienz liegt unter anderem darin begründet, dass sich die Messnadel lediglich in einer Raumdimension bewegen kann, etwa bei einer vertikalen Skala. Angesichts des auf *eine* Bewegungsachse beschränkten Freiheitsgrades wird dem Beobachter die Informationsaufnahme erheblich erleichtert. Auch die verzögerungs- bzw. stufenlose Darstellung der Richtungsänderung dient der direkten Rückmeldung, indem beispielsweise auch kleinste Änderungen anhand des Messzeigers beobachtet werden können.

Digitale Anzeigen kommunizieren Richtungsänderungen auf die im Rahmen ihrer Möglichkeiten einzigen Weise, nämlich durch Darstellung eines anderen Ziffernwertes. Ob es sich um eine Zu- oder Abnahme handelt, kann erst mit Bezugnahme zum Ausgangswert erkannt werden. Bei erhöhter Änderungsfrequenz wird die Methode der Zifferndarstellung hierbei jedoch schnell unübersichtlich. Des Weiteren ist der Nulldurchgang im digitalen Format nur mit der Kennzeichnung des Vorzeichenwechsels realisierbar, womit die Abschätzung der Richtungsänderung im negativen Wertebereich zusätzlich abstrahiert wird.

Für die Identifizierung der Änderungsgeschwindigkeit eines Messwertes herrscht ein ähnlicher Argumentationsrahmen wie bei der Richtungsänderung. Unter der stets gültigen Voraussetzung der unmittelbaren Übertragung des Messsignals auf die Skalendarstellung im analog-stufenlosen Sinne, kann aufgrund dieser latenzfreien Kopplung die Änderungsrate *direkt* beobachtet werden. Bei einem angemessenen Beobachtungszeitraum entwickeln Benutzer*innen ein intuitives Gefühl für die Geschwindigkeit der Ab- oder Zunahme und kann dementsprechende (Gegen-) Maßnahmen einleiten. Zum Beispiel ist die Abnahme der Tanknadel bei einer analogen Anzeige im Auto während des Betriebs kaum zu beobachten (Beobachtungszeitraum müsste sehr groß gewählt werden); nähere ich mich mit 140 km/h einer mir bekannten stationären Radaranlage auf einer Autobahn, in deren Abschnitt eine Höchstgeschwindigkeit von 80 Stundenkilometern erlaubt ist, leite ich vorausschauend den Bremsvorgang ein und hole mir über die Abnahmegeschwindigkeit der Tachometernadel eine Rückmeldung für mein ideales Bremsverhalten ein.

Wie bereits erwähnt, können digitale Anzeigen Änderungen des Messwertes einzig durch eine Veränderung der Ziffern darstellen. Neben der nicht niederschwelligen Identifizierung der Änderungsrichtung spielen bei der Änderungsgeschwindigkeit noch die Frequenz der Schwankung und das nicht sofort zu überblickende Werteintervall eine der Wahrnehmungsaufgabe abträgliche Rolle. Vor allem bei letztgenannter Problematik sind erneut Kopfrechenkünste zur Differenzbildung gefragt. Die Änderungsfrequenz digitaler Anzeigen taxiert die Norm auf folgenden Wert: „Ziffern auf digitalen Anzeigen dürfen sich nicht schneller als zweimal je Sekunde ändern" (DIN EN 894–2, S. 16). Bei einer derartigen Fluktuation der Ziffern fällt es offensichtlich schwer sich auf einen (Mittel-) Wert festzulegen, da dies eine mathematische und keine bildlich-räumliche Abschätzung wäre.

So finden wir in den vorangestellten Argumenten schlussendlich eine plausible Erklärung für die Empfehlung, ob analoge oder digitale Messinstrumente im naturwissenschaftlichen Unterricht zu bevorzugen sind. Dabei kommt es freilich auf die Lernsituation an: bei einführenden Experimenten etwa zum Phänomen induzierter Wechselspannungen sind aus erkenntnispraktischer Sicht analoge Geräte mit oszillierenden Messnadeln vorteilhaft, da sie die Richtungsänderungen unmittelbar und räumlich darstellen. Aber auch für Gleichstromversuche eignen sie sich, da die Ausschlagrichtung des Zeigers gut die Polarität veranschaulicht.

In geübten Lerngruppen, die messwerterprobt sind und sich vertiefenden Themen widmen, sind digitale Messinstrumente sehr gut geeignet, da sie den Wert direkt anzeigen und die für analoge Skalen typischen Ablesefehler vermieden werden (parallaktische Ablesefehler, Verwechslung der aufgedruckten Skalen, usw.).

3.2.1.5 Kombination von Wahrnehmungsaufgaben

Zusammenfassend lässt sich konstatieren, dass sich die Wahl des Formates im Interesse der günstigsten Ausführung an der Wahrnehmungsaufgabe selbst orientieren muss: Je größer die Kompatibilität zwischen dem ursprünglichen Messsignal und seiner Darstellungsweise, desto leichter fällt die Verknüpfung – und womöglich die Steuerung. So werden beispielsweise für die Messung von Pegelhöhen vertikale Skalen empfohlen, da sie der Ausgangsmessgröße die geeignetste Veranschaulichung verleihen (vgl. ebd.). Das Zifferblatt einer analogen Uhr weist hinsichtlich dieser erwünschten Kompatibilität von Ursprungsphänomen und seiner möglichst naturgetreuen Repräsentation noch die größte Übereinstimmung zur scheinbaren Sonnenbahn auf der gedachten Himmelskugel auf (vgl. Abschnitt 3.2.2).

In Realsituationen handelt es sich bei den vorgestellten Wahrnehmungsaufgaben selten um eine isolierte Reinform derartiger Messwerterfassungen, vielmehr müssen häufig verschiedene Beobachtungs- und Identifizierungsvorgänge kombiniert ausgeführt werden. Eine Besonderheit analoger Anzeigen besteht darin, dass sie sich für eine simultan zu erfolgende Ablesung mehrerer Zeiger innerhalb einer einzigen Anzeige eignen (vgl. DIN EN 894–2, S. 18). Beispiele dafür sind im steuerungsrelevanten Kontext die gleichzeitige Angabe von vertikalen und horizontalen Abweichungen eines Flugzeugs oder im Zusammenhang der vorliegenden Arbeit freilich die analoge Uhr, wenn sie mindestens zwei Zeiger besitzt.

Die in Tabelle 3.2 zuunterst aufgeführte Kategorie „Sonstiges" soll resümierend veranschaulichen, dass keines der beiden Formate generell als geeignet bezeichnet werden kann. Wie zuvor betrachtet, sollten idealerweise Faktoren wie der Anspruch an zweckmäßiger Genauigkeit, Kompatibilität vom zu messenden Phänomen und seiner Darstellungsweise oder – didaktisch von vordergründigem Interesse – die Berücksichtigung des Adressaten für die Wahl des geeignetsten Formates ausschlaggebend sein. Unabhängig von diesen Kriterien weisen analoge und digitale Anzeigen noch formatspezifische, weseneigene Charakteristika auf. Auf der konkret-pragmatischen Darstellungsebene reicht kein anderes Format an digitale Anzeigen heran, wenn eine schnelle, präzise, aber unterkomplexe Angabe erforderlich ist. Analoge Anzeigen betten ihr „Ergebnis" hingegen in einen Sachzusammenhang ein, was die zu erzielende Erkenntnis gehaltvoller unterstützen kann. Man könnte sogar so weit gehen zu sagen, dass es sich bei digitalen (Mess-) Anzeigen um eine Zustandsbeschreibung und bei analogen Formaten um eine sichtbar prozessdurchlaufene Darstellung handelt.

3.2.2   Historische Entwicklung der Zeitdarstellungen

Die nun folgende prägnante Betrachtung der historischen (Uhr-) Zeitdarstellungen erfordert eine eindeutige Klassifizierung verschiedener Uhrtypen und darf als Vorarbeit für noch erfolgende Gegenwartsbezüge verstanden werden. Dabei soll nicht – wie in der Literatur zu finden – zwischen naturentlehnten „Elementaruhren" (Osterhausen & Pfeiffer-Belli 1999, S. 85) wie Sonnen-, Wasser-, Feuer-, oder Sanduhren und mechanisch-technisch oder elektronischen Uhren (Räder-, Quarz-, Atom- und Optikuhren) unterschieden werden. Der Antrieb und die energetische Speisung sind hier nicht von Belang, und dennoch sind einige wenige Exkurse technischer Art unabdingbar, um beispielsweise die Entwicklung des technischen Fortschritts und dessen Einfluss auf die Zeitanzeige besser zu verstehen (vgl. Abbildung 3.8). Vielmehr sollen die gängigsten Uhren ihrer primären und ursprünglichsten veranschaulichenden Funktion zufolge kategorisiert werden, um auch grundlegende Anknüpfungspunkte für die spätere didaktische Bearbeitung herauszustellen, die insbesondere bei der Schulbuchanalyse zum Tragen kommen werden. Der Einfachheit halber werden in Betracht gezogene Uhren demnach in *Tageszeituhren* und *Intervalluhren* untergliedert.

3.2.2.1 Tageszeituhren

Als Tageszeituhr verstehen wir im Rahmen dieser Abhandlung Uhren, deren primärer Zweck die Darstellung der gegenwärtigen Uhrzeit ist. Sie symbolisieren, kennzeichnen oder veranschaulichen demnach einen *Zeitpunkt* und grenzen sich damit von anderen „Uhren" bzw. Zeitmessern ab, die das Vorübergehen von *Zeitspannen* anzeigen. Als Beispiel für Tageszeituhren können nahezu alle Uhren mit Zifferblatt oder Ziffferndarstellung genannt werden, deren gemeinsame Aufgabe die Abbildung des gegenwärtigen Sonnenstandes relativ zum Beobachterstandort ist (vgl. Wiesing 1998, S. 4). Mit anderen Worten simulieren solche „sonnenstandsgebundenen" Uhren die Erdrotation, die die scheinbare Bewegung der Sonne am Erdhimmel hervorruft (vgl. Geißler & Geißler 2017, S. 66). Allerdings zählen dazu auch jene Uhren, die – anders als die Sonnenuhr selbst – nicht kausal mit der Sonne zusammenhängen (vgl. Wiesing 1998, S. 8). Diese dort noch vorhandene, „direkte, physikalisch konstruierbare Abhängigkeit" (ebd., S. 5) stellt ohnehin ein Alleinstellungsmerkmal der Sonnenuhr hinsichtlich der Uhrzeitbestimmung dar, denn grundsätzlich versucht jede Uhr die derzeitige räumliche Konstellation Erde-Sonne so gut wie möglich abzubilden. Im Vergleich zur Sonnenuhr hingegen können andere Uhren zum Beispiel immer größere Abweichungen aufweisen oder gar stehen bleiben, die Erdrotation glücklicherweise in absehbarer Zeit nicht (vgl. Geißler & Geißler 2017, S. 66).

Der primitivste Prototyp aller Tageszeituhren ist der sogenannte Gnomon
(griechisch für Schattenzeiger) (vgl. Kindler 2012, S. 3). Dabei handelt es sich
prinzipiell um einen senkrecht in den Boden geführten Stab, der bei Sonneneinstrahlung einen möglichst gut definierten Schatten auf eine ebene Fläche wirft.
Aufgrund der Erdrotation von West nach Ost geht die Sonne im Osten auf, kulmi-
niert auf der nördlichen Hemisphäre im Süden und geht im Westen wieder unter.
Bei Sonnenaufgang und -untergang ist der Schatten am längsten, zur Mittagszeit am kürzesten. Dieses System gilt als unmittelbarer Vorläufer der Sonnenuhr,
die diese Anordnung lediglich um ein Zifferblatt ergänzte, um die Tages- bzw.
Sonnenzeit in kleinere Zeitintervalle zu unterteilen. Zuvor gab man die aktuelle
Tageszeit noch in Längenmaßen des Schattens an (vgl. ebd.). Abbildung 3.5 ver-
anschaulicht den Richtungssinn des Schattens am Beispiel des Obelisken von
Karnak aus Ägypten, dessen Errichtung circa auf das 15. Jahrhundert v. Chr.
datiert wird (vgl. Goudsmit & Claiborne 1970, S. 74; Karamanolis 1989, 41 f.).
Wie aus der Abbildung entnommen werden kann, rührt die noch heute gültige
Konvention des rechtsdrehenden Uhrzeigersinns von ebenjener Laufrichtung des
Stabschattens auf der zivilisatorisch dominanten Nordhalbkugel her (vgl. Lenz
2005, S. 451). Auch die Positionierung der Ziffer 12 in der oberen Mitte des
klassischen Zifferblattes beruht auf dem Höchststand der Sonne zur Mittagszeit.

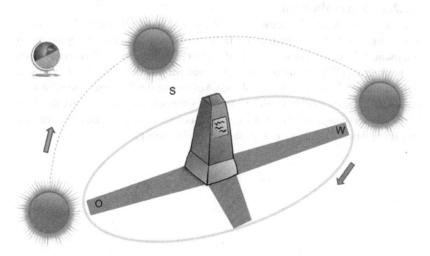

Abbildung 3.5 Laufrichtung des Schattens (auf der Nordhalbkugel) in Folge der scheinbaren Bewegung der Sonne

Im Verlauf der Zeitgeschichte sind dem fundamentalen Prinzip des Gnomons nur wenige Elemente hinzugefügt worden. Zunächst ein den natürlichen Umständen geschuldetes, noch halbzyklisches Zifferblatt mit groben Stundeneinteilungen, später ein vollzyklisches Zifferblatt, da die Sonneneinstrahlung als Uhrzeitgeber nicht mehr nötig war. Auch der Schatten selbst wurde durch präzise Zeiger ersetzt, die wir nun am Handgelenk tragen. Dennoch erinnert das noch heutige Ablesekonzept an das rudimentäre System des Gnomons.

Solche Tageszeituhren, die die Funktion „Uhr" als Zeitanzeiger am buchstäblichsten erfüllen, nehmen auch heutzutage noch den größten Raum im Umgang mit persönlich-individueller Zeit ein. Ihre zentrale Aufgabe ist es, unser tägliches Leben zu strukturieren, planbar zu gestalten – oder extrem gesprochen: gar zu diktieren. Die Macht der Gewohnheit kommt besonders stark dort zum Vorschein, wo sich gewisse Tätigkeiten an fixe Zeitpunkte im Laufe der Zeit gekoppelt haben. So besteht im teils eng getakteten Alltag potentiell die Gefahr – oder eben die gefühlte Notwendigkeit – sich von der Uhr vorgeben zu lassen, wann es beispielsweise an der Zeit wäre zu essen, zu arbeiten, zu schlafen u.v. a.m. Der hier angedeutete subjektive Umgang mit Zeit wird uns in einem späteren Kapitel zur „Zeitbewertung" (vgl. 8.2.3) erneut begegnen. Es geht zunächst mit einer anderen, elementaren Kategorie von Uhren weiter.

3.2.2.2 Intervalluhren

Andere frühzeitliche Uhrformen, wie Wasser-, Sand-, Öl- oder Kerzenuhren, waren (und sind) recht zuverlässige Instrumente, um definierte *Zeitspannen* zu veranschaulichen, erweisen sich für die direkte Anzeige der Tageszeit jedoch als weniger tauglich, da sie beispielsweise neu befüllt, bestückt oder aufgezogen werden müssen.[7] Solche Uhren sind nach Auffassung des Verfassers deutlich treffender mit „Zeitmesser" beschrieben als die eigentlichen Uhrzeit-Uhren, die zwar häufig als Zeitmessgerät bezeichnet werden, in erster Linie aber einen Uhrzeitwert und keine davon losgelöste Zeitspanne veranschaulichen.

---

[7] Selbstverständlich konnte mit den genannten Uhren (Elementaruhren) ebenfalls die Tageszeit bestimmt werden, wenngleich nur auf indirektem Wege unter Bezugnahme auf eine anderweitig ermittelte Referenzzeit.

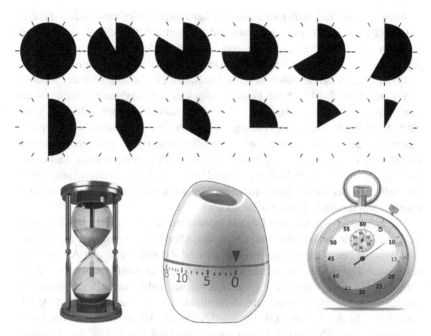

Abbildung 3.6 Zusammenstellung verschiedener Intervalluhren in Abgrenzung zu Tageszeituhren. Unter anderem aufgeführt: die klassische Sanduhr (unten links), die heutzutage häufig als Symbol für zeitliche Angaben oder Phasen des Wartens herangezogen wird. (vgl. Lenz 2005, S. 443)

Im Vergleich zu Tageszeituhren verfolgen ebensolche „Uhren" einen völlig anderen Zweck. Solche natur- bzw. sonnenentkoppelten Zeitweiser werden etappenweise verwendet, um beispielsweise eine Zeitangabe nach Sonnenuntergang zu gewährleisten, so wie es die altägyptische Öluhr vermutlich schon 3000 v. Chr. dank ihrer guten Sichtbarkeit bei Dunkelheit realisierte (vgl. Karamanolis 1989, S. 44; Lenz 2005, S. 444). Ein anderes Beispiel stellen Wasseruhren – sogenannte Klepsydren – dar, mit deren Hilfe in altrömischen Gerichtssälen die Redezeit zeitlich sichtbar begrenzt werden konnte. Dabei griffen moralisch flexible Anwälte auch zu unlauteren Mitteln und bestachen Gerichtsdiener, die Klepsydren mit schlammigem Wasser zu befüllen, um ihre Plädoyers zeitlich auszudehnen, ehe die Zeit wortwörtlich abgelaufen war (vgl. Goudsmit & Claiborne 1970, S. 77; Karamanolis 1989, S. 44).

Auch die sehr viel später entstandenen Sanduhren ließen anschaulich die Zeit in Gestalt ihrer Sandkörner verrinnen und konnten auf ähnliche Weise das Verstreichen einer festgelegten Zeitspanne illustrieren. Aufgrund diverser Vorteile gegenüber der Wasseruhr waren ihre Anwendungsgebiete ausgesprochen mannigfaltig, etwa in der Seefahrt, in der industriellen Herstellung oder der Medizin (vgl. Lenz 2005, S. 442). Noch heute werden kleine Sanduhren eingesetzt, wenn zum Beispiel der Pulsschlag eines Patienten ermittelt werden soll (vgl. Lenz 2005, S. 443); die Stadt Cloppenburg hat im Jahr 2019 ein Sanduhr-Parksystem eingeführt, das jeden Besitzer auf allen öffentlichen und gebührenpflichtigen Parkplätzen 15 min kostenlos parken lässt, wenn im geparkten Auto die bei der Stadt erworbene Sanduhr läuft (vgl. Redaktion Norddeutscher Rundfunk 2019). Ebenfalls kommen kleine Sanduhren zum Einsatz, wenn Kinder das Zähneputzen erlernen, um die drei Minuten nicht zu überschreiten.

Der Grundidee der Sanduhr folgend, etablierten sich später moderne Kurzzeitwecker auch für zeitsensible Tätigkeiten des Alltags. So signalisiert die Eieruhr zum Beispiel beim Kochen auf meist akustische Art und Weise den Ablauf einer bestimmten Zeitspanne. Auf didaktischem Einsatzgebiet wiederum wird gerne auf aufziehbare Analog-Timer zurückgegriffen, um die verbleibende Bearbeitungszeit als sich flächenmäßig verringerndes Winkelfeld zu veranschaulichen (vgl. Abbildung 3.6). Mit den Vorzügen dieser Ausführung als Art „bildlicher Countdown" gegenüber einer ablaufenden Ziffernanzeige beschäftigt sich u. a. der Abschnitt „Zeitintervalloperationen" (vgl. 6.2).

3.2.2.3 Auf dem Weg zum Zifferblatt – die Zeit erhält ein Gesicht

Im Gegensatz zu anderen antiken Uhrformen war die Sonnenuhr die erste praktikable Umsetzung, die die aktuelle Zeit – freilich tagsüber unter der Voraussetzung ungehinderter Sonneneinstrahlung – mithilfe einer Stundenskala direkt ablesbar anzeigte. Mit fortschreitender Entwicklung der Sonnenuhren und der Hinzunahme von Ableseskalen begann im wortwörtlichen Sinne eine neue Zeitrechnung. Die erstmalige Einteilung des Tages in untergeordnete Einheiten – hier die Stunde – ermöglichte zeiteffizientere Verabredungen und koordinierte Arbeits- und Gebetstätigkeiten. Daraus erwuchs auch ein völlig neues Zeitbewusstsein, da im Umgang mit dieser „vereinheitlichten" Zeit nun gezählt oder gerechnet werden konnte. Der daraus resultierende Wunsch, die Tageszeit „an einer ein für allemal vorhandenen festen Skala an einem Instrument ablesen" (Borchardt 1920, S. 27) zu können, erforderte jedoch Geduld, da dazu allerhand astronomisches und technisches Geschick vonnöten war.

Die Römer, die die Sonnenuhr von den Griechen im dritten Jahrhundert v. Chr. übernahmen, nutzten zu Beginn noch Stundentafeln, mit deren Hilfe sie die sich jahreszeitlich veränderlichen Sonnenstunden (Temporalstunden) ermitteln konnten (vgl. Lenz 2005, S. 427). Die scheinbare Veränderung dieser längendynamischen Stunden lag darin begründet, dass ein und dieselbe statische Stundenskala für das ganze Jahr verwendet wurde.

Die in der Antike vornehmbare Normierung des Tagesbeginns war der Sonnenaufgang. Der Tag war mit Sonnenuntergang beendet. Allerdings variieren diese beiden Zeitpunkte im Laufe eines Jahres in Abhängigkeit von der geographischen Breite beträchtlich. Daher muss eine Zeitkorrektur erfolgen, die in Stundentafeln niedergelegt ist. Freilich ist diese Handhabung recht akademisch, der „einfache Mann" orientierte sich natürlich am realen Sonnenstand. Bis zur Erfindung zuverlässiger Konstruktionen und den uns heute bekannten stets gleich langen Stunden (Äquinoktialstunden) dauerte es bis ins 15. Jahrhundert (vgl. Lenz 2005, S. 430).

Nehmen wir eine jahrtausendübergreifende Perspektive ein, lässt sich in den antiken Zifferblättern der Sonnenuhren der ursprünglichste Versuch ausmachen, die scheinbare Bahn der Sonne zu veranschaulichen und für Zeitablesungen „greifbar" zu machen. Dieser menschheitsgeschichtliche Optimierungsprozess beginnt bei senkrecht-horizontalen Skalen auf Schattenuhren und führt über erste gekrümmte Zifferblätter bei Sonnenuhren unterschiedlichster Konstruktionen, bis er schließlich beim offenbar so geeignetsten wie simplen, vollzyklischen Modell des modernen Zifferblatts angelangt ist – zumindest für ein menschentaugliches Verständnis von Zeit als etwas „Wiederkehrendes". Dem sei hinzugefügt, dass die hier formulierten Anschaulichkeitsansprüche stets im Sinne der allgemeinen Zugänglichkeit gemeint sind. Schon im Altertum gab es technisch ausgeklügelte, teils sehr genaue Zeitmessinstrumente, deren Beherrschung aber den Gelehrten vorbehalten war und sich dem einfachen Volke nicht erschloss.

Das erste gelungene, durchaus auch als didaktisch wertvoll zu bezeichnende Modell, das die scheinbare Sonnenbahn am Erdhimmelszelt veranschaulichte, war die sogenannte *Skaphe* der alten Griechen (vgl. Abbildung 3.7). Diese vermutlich älteste Form der Sonnenuhr bestand aus einer ausgehöhlten Halbkugel mit waagerecht angebrachtem Schattenstab, auf dem zur besseren Ablesbarkeit ein punktförmiger Schattenwerfer (Nodus) zentral montiert war (vgl. Meyer 2008, S. 94; Osterhausen & Pfeiffer-Belli 1999, S. 307). Auf der Innenseite konnte mit dem wandernden Schattenkügelchen der Tagbogen nachempfunden werden, worauf noch im Temporalstundensystem die Tageszeit ermittelt wurde (vgl. Meyer 2008, S. 94). Schon bald bemerkte man jedoch, dass der südliche Teil der Halbkugel auf der nördlichen Hemisphäre überflüssig war und die Viertelkugel für den beabsichtigten Zweck ausreichte. Diese Maßnahme ist deshalb erwähnenswert,

weil sie die Ablesbarkeit von der Seite auch aus größerer Entfernung ermöglichte und so mehreren Nutzer*innen einen Zugang verschaffte (vgl. Meyer 2008,
S. 95).

Abbildung 3.7
Altgriechische Skaphe als
Viertelkugelmodell. Hier
wurde bereits der (auf der
Nordhalbkugel)
überflüssige südliche Teil
weggelassen. (Quelle:
Cambon 2007)

Aus der didaktisch-anschaulichen Perspektive betrachtet lässt sich konstatieren, dass die ursprünglich als Halbkugel konzipierte Skaphe hingegen ein
getreueres Gegenbild des Himmelsgewölbes darstellte. Die Entwicklung zum
Viertelkugelmodell war dennoch nicht nur aus ökonomischen Gründen nachvollziehbar, sondern die unmöglich abzubildenden Nachtstunden sind als größte
gemeinsame Unzulänglichkeit aller Sonnenuhren der Grund, weshalb sämtliche
Zifferblätter nicht vollzyklisch gestaltet werden können.[8]

Die am Beispiel der Skaphe gut illustrierte Intention der bestmöglichen Nach-
bildung der Bewegungsverhältnisse von Erde und Sonne kann auch als Grundlage
für die sehr viel später entstandenen vollumfänglichen Zifferblätter der Räderuhren verstanden werden. Wenngleich diese mechanischen Uhren nicht länger direkt
von der Sonneneinstrahlung abhängig sind, sondern von terrestrischen Energie-
quellen angetrieben werden, besteht dennoch nach wie vor eine „assoziative
Analogie" (Wiesing 1998, S. 8) zwischen dem Kreisen der Erde um die Sonne

---

[8] Mit Ausnahme des Einsatzes einer eigens für den Polartag konzipierten Sonnenuhr, deren
Verwendungsmöglichkeit sich auf einen Tag bis maximal ein halbes Jahr an den geographischen Polen beschränken würde.

und der rotierenden Bewegung der Zeiger über dem Zifferblatt. Die Mechanik der Räderuhren modelliert die typischen Zeitabläufe, die in der räumlichen Konstellation Sonne-Erde auftreten.

Die mechanischen Möglichkeiten der technischen Zeitmessung entkoppelten die Zeitablesung von der Sonnenbeobachtung – genauer gesagt wurde eine astronomische Kontrollbeobachtung der von mechanischen Uhren angezeigten Zeit nur noch punktuell erforderlich. Sie war aber nicht mehr die Aufgabe eines Jeden, sondern gehörte von nun an zum Berufsbild eines spezialisierten Astronomen. Diese Entkopplung bedingt eine Reihe von Alltagsproblemen: sie wird offensichtlich, wenn bestimmte Tätigkeiten geplant werden sollen, deren Verrichtung an Tageslicht gebunden ist (Beispiele: Wandern, Aufenthalt im Wald, Baustellenarbeiten...). Diese „Abkehr" von der Sonne als Zeitnormal war aber auch ein Resultat gestiegener Anforderungen, beispielsweise hinsichtlich tageszeitunabhängiger Verfügbarkeit, zuverlässiger (Gang-) Genauigkeit und Transportabilität.

Ein Meilenstein in der „Vervollkommnung der mechanischen Uhren" (Karamanolis 1989, S. 46) war ohne Zweifel die Pendelhemmung. Sie gewährleistete die kontrolliert-portionierte Übertragung der Antriebsenergie (zum Beispiel ein herabsinkendes Gewicht oder eine aufgezogene Feder) auf das zentrale System (Pendel), welches die Grundperiode der Zeit (meist einer Sekunde oder Halbsekunde) generiert und dementsprechend gehemmt wird. Die Antriebswelle ist über Zahnräder mit einem Zeigersystem verbunden, welches vor dem Hintergrund eines Zifferblattes der Zeitanzeige diente (vgl. Karamanolis 1989, S. 47).

Es mag auf der Hand liegen, warum unter Verwendung rotierender Zahnräder ein kreisförmiges Zifferblatt herangezogen wurde. Aus der geometrischen Formgebung der Zahnräder und deren naheliegender technischen Gegebenheit erwuchs somit ein unmittelbar kommunizierendes Vehikel, um den Zeitverlauf auf ein vollzyklisches Zifferblatt zu projizieren. Die Zeit, genauer: ihr Vorüberziehen ist durch kreisende Zeiger verräumlicht worden und fortan mehr denn je mit dem – aus heutiger Sicht – klassischen Zifferblatt assoziiert. Allerdings gab es auch schon Konstruktionen von Wasseruhren, die die Zeit mit einem runden Zifferblatt anzeigten (vgl. Milham 1923, S. 49).

Die derart suggerierte Vorstellung einer zyklischen Zeit wurzelt in elementaren Erfahrungen frühzeitlicher Völker, die erste kalendarische Überlegungen anstellten. Aus der Beobachtung periodisch wiederkehrender Naturereignisse bezog man in ersten Zivilisationen die Möglichkeit ihrer Vorhersage, um sich zum Beispiel gezielter auf sie vorzubereiten (Wechsel der Jahreszeiten inklusive essenzieller Konsequenzen für den Ackerbau) oder um sich des Nachts auf der Jagd im Mondlicht einen Vorteil zu verschaffen (vgl. Lenz 2005, S. 188). Darüber hinaus wurde der Mond angesichts seiner Zyklen aber auch als Taktgeber angesehen, an dem sich zeitlich orientiert werden konnte. Die aus der regelmäßigen Wiederkehr lunarer oder solarer Ereignisse gewonnene Gewissheit gab den Menschen Struktur und Sicherheit für essenzielle Routinen des (Über-) Lebens.

Das Rad selbst als eine der bedeutendsten Erfindungen der Menschheit war schon sehr viel früher mit Vorstellungen zum Vergehen der Zeit in Verbindung gebracht worden. Dies belegen u. a. frühzeitliche, wagenradartige Darstellungen der Sonne als ein „über das Firmament rollendes Rad" (Lenz 2005, S. 447) oder der Einsatz einer besonderen Form von Wasseruhren, die auslaufende Wasserbehälter nutzten, um ein Räderwerk anzutreiben (vgl. ebd.; vgl. Goudsmit & Claiborne 1970, S. 80). Die Vorzüge rotierender Bewegung machten sich dann im späteren Verlauf auch die Uhrmacher zunutze. Rotierende Zahnräder waren ideal, um in einem vorgegebenen Volumen raumökonomisch ein System zu installieren, das – im Falle der mechanischen Uhr – *fortlaufend* arbeiten konnte, um bestimmte Vorgänge mechanisch zu *zählen* und schließlich auch *anzuzeigen*.[9] Jede andere mechanische Vorrichtung, die eine lineare Bewegung mit irgendeinem Anfangs- und Endpunkt nutzen würde, müsste für einen kurzen Moment wieder in den Anfangszustand versetzt werden. Genau diese Zeitspanne würde dann aber nicht erfasst, weshalb sich die Kreisbewegung für diese Zwecke etablierte.

Die ersten Räderwerkuhren besaßen noch beträchtliche geometrische Maße und wiesen erhebliche Ungenauigkeiten auf.[10] Tägliche Abweichungen von bis zu einer Stunde waren bei den metergroßen Uhrkästen keine Ausnahme. Der aufgrund technischer Unzulänglichkeiten (handgefertigte Materialien, hohe Reibungskräfte, starke Abnutzung u.v.m. (vgl. Goudsmit & Claiborne 1970, S. 81)) entstandene Gangfehler ging freilich mit der Genauigkeit der Uhrzeitdarstellung einher. Bis ins 17. Jahrhundert hinein verfügten die Zifferblätter der mechanischen Uhren dementsprechend lediglich über Einteilungen in ganze oder Viertelstunden (vgl. Karamanolis 1989, S. 50). Erst dann konnte die Präzision der Uhrwerke dank weiterer bahnbrechender Erfindungen stark erhöht werden. Als eine der wichtigsten Entdeckungen auf diesem Wege muss der von Galilei beschriebene – physikalisch nicht allgemeingültige – Isochronismus bezeichnet werden, wonach einzig die Pendellänge die Schwingungsdauer bestimmt (vgl. Goudsmit & Claiborne 1970, S. 83). Vermutlich unabhängig von Galilei entwickelte der niederländische Astronom Christian Huygens jedoch die

---

[9] Hier zeigen sich Verknüpfungspunkte zum Begriff „digital".

[10] Die Zifferblätter – die teilweise zur Stunden- und Minutenanzeige separat aufgeführt wurden – waren zuweilen so groß, dass sie wie ein „Vorhang" für die dahinter verborgene, für Laien undurchschaubare Rädertechnik fungierte.

erste zuverlässige Uhr, die sich des Prinzips der Pendelbewegung als Gangregler bediente. Seine Uhren – vor allem seine späteren Ausführungen mit einer ebenen Spiralfeder (Unruh) – erreichten eine Genauigkeit von nur etwa 10 s Abweichungen pro Tag (vgl. Karamanolis 1989, S. 51).

Es dauerte noch einige Jahrzehnte, bis diese Technik ausgereift war und die neuen Uhren weite Verbreitung fanden, ehe das Zifferblatt üblicherweise mit einem Minutenzeiger bestückt wurde (vgl. Lenz 2005, S. 458; Milham 1923, S. 195). Rein technisch war man nicht viel später bereits in der Lage einen Sekundenzeiger abzubilden, allerdings hätten weder das gesellschaftlich-private noch das wirtschaftlich-berufliche Leben bisher eine derartige Ablesegenauigkeit erfordert.

Wie aus Abbildung 3.8 zu entnehmen ist, begannen von dieser Epoche an die technisch mögliche Genauigkeit der Zeitmessung und die menschlich-sinnstiftende Größenordnung der Zeitwahrnehmung stark zu divergieren. Der linke Rand des gestrichelten Rahmens in Abbildung 3.8 deutet die untere Wahrnehmungsgrenze des Menschen in Bezug auf Zeitintervalle an. Sie liegt je nach Art des Reizes im Bereich von 130 bis 180 Millisekunden (vgl. Wirtz 2017, S. 999). Andere Quellen geben gar eine Untergrenze von 40 ms an (vgl. Detel 2021, S. 50). Unterhalb dieser biologischen Grenze entziehen sich jegliche zeitlichen Vorgänge dem Sinnesapparat des Menschen.[11]

Innerhalb des Kastens befinden sich die oben bereits erwähnten Elementaruhren (Sonne, Wasser, Sand, Feuer, u.v.m.) und die mechanischen Uhren, angefangen bei ersten Uhren mit Spindelhemmungen bis hin zu den genauesten Räderuhren nach Shortt, die ein evakuiertes Pendel nutzten. Über den Rahmen *direkter* menschlicher Erfahrbarkeit hinausgehend, vervollständigen die Quarz- und Atomuhren das Schaubild und die Entwicklung der Zeitmessungsgenauigkeit.

---

[11] In der Physiologie versteht man unter dem zeitlichen Auflösungsvermögen die untere Grenze der sogenannten „Flimmerfusionsfrequenz", ab der visuelle Reize zeitlich nicht mehr voneinander unterschieden werden können (vgl. Brandes et al. 2019, S. 741) Der Effekt spielt beispielsweise in der Filmtechnik eine wichtige Rolle, weil die Bildfolge einen kritischen Frequenzwert gerade übersteigen muss, um den Eindruck eines kontinuierlichen Films entstehen zu lassen.

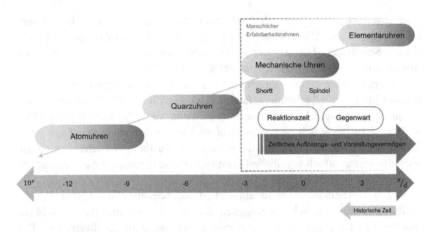

Abbildung 3.8 Übersicht der täglichen Fehlertoleranz verschiedener Uhrklassen, abgetragen auf einer Exponentenskala des täglichen Fehlers in Sekunden. Der gestrichelte Kasten soll die menschliche Erfahrbarkeitsgrenze für zeitliche Prozesse andeuten

Zu jeder Uhrklasse lassen sich angesichts ihrer Genauigkeit und ihres Verwendungszwecks Adressatenkreise skizzieren, für die der jeweilige Uhrentyp noch eine *direkte* und zentrale Relevanz hat/te:

- **Elementaruhren**: Der Genauigkeitsanspruch an die Uhrzeit orientiert sich noch an naturnahen Gegebenheiten und ist kollektiv wenig und individuell gar nicht ausgeprägt, da die Bereitstellung der Zeit kaum verbreitet ist. Die Jahreszeiten (Monate), die Mondzyklen (Monat, Wochen) und der tägliche scheinbare Sonnenlauf reichen zunächst aus, bis erste Kulturen entstehen und kleinere Zeiteinheiten an Relevanz gewinnen. Die Einteilung in Stunden (Sonne) ist typübergreifend die maximal erforderliche Genauigkeit von frühen Uhren (Anzeigen von religiösen Prozeduren), Zeitintervalle (Sand- oder Wasseruhren) korrespondieren im Größenbereich von Minuten und verhelfen zur Bestimmung der Dauer von relevanten Vorgängen (z. B. Redezeit von Anwälten, „Glasen" als zeitliches Strukturieren von Arbeitsschichten mit einer Sanduhr). Allumfassend bedienen Elementaruhren in ihren menschenfreundlichen Genauigkeitsmaßen nahezu alle Menschengruppen aufgrund ihrer zentralen Bedeutung für alltägliche Abläufe und ihrer funktionalen Transparenz.

- **Mechanische Uhren:** Mit den mechanischen Uhren etablierte sich das zwölf-stündige Zifferblatt, das Stunden, Minuten und manchmal Sekunden als Genauigkeitsgrenzen aufweist. Der technische Fortschritt ermöglichte dank diverser Erfindungen (verschiedene Hemmungen, Pendel, Materialoptimierun-gen) erhebliche Präzisionsschübe. Nun konnte der (Arbeits-) Alltag zeitlich (str)enger getaktet und koordiniert werden, auch wegen des allgemein akzep-tierten Zifferblatts. Die dahinterliegende, meist sichtbare Technik galt aufgrund dem Menschen relativ vertrauter Bewegungsprinzipien (Pendelschwingung, Spiralfederschwingung, von Schwerkraft hinabgetriebene Gewichte etc.) noch als anschaulich vermittelbar, überstieg aber spätestens mit dem berühmten Längengradproblem – wonach die Zeitbestimmung die räumliche Orientie-rung auf hoher See voraussetzt – die allgemeine Zugänglichkeit, da auch renommierte Uhrmacher an dieser Herausforderung scheiterten. An dieser Stelle sei auf die Tücken der Zeit- und Ortbestimmung an einem histori-schen Beispiel verwiesen ((Kraus & Raack 2018). Die stetig zunehmende Genauigkeit der Uhren ist mehr denn je ein Indikator für den wissenschaft-lichen Fortschritt. Daraus folgte aber auch, dass immer weniger Menschen die Uhr „verstanden", weil aus dem anfänglich gut zu beobachtenden Pen-del ein komplexes Mikrosystem aus zahlreichen Zahnrädern wurde. Das mechanische Optimum der Zeitmessung lag im Bereich von einigen Millise-kunden absoluter Abweichung pro Tag und überstieg erstmals die menschliche Wahrnehmungsgrenze (vgl. Karamanolis 1989, S. 62). In der für astrono-mische Beobachtungen wichtigen „Persönlichen Gleichung" waren schon Größenordnungen im Bereich von Zehntelsekunden von besonderer Bedeu-tung. Sehr gut gehende astronomische Uhren mit entsprechender Zeitauflösung machten erstmals physiologisch unterschiedliche Reaktionsgeschwindigkeiten menschlicher Individuen erkennbar.
- **Quarzuhren:** Hinsichtlich der Repräsentation der Uhrzeit änderte sich beim Übergang von rein mechanischen zu Quarzuhren nichts, das Zifferblatt galt nach wie vor als das einzig massentaugliche Format. Die bahnbrechende Entwicklung zu Beginn des 20. Jahrhunderts konnte dank neuester wis-senschaftlicher Erkenntnisse aus dem Bereich der Hochfrequenzforschung Genauigkeiten in der Zeitmessung von 10^{-3} bis 10^{-6} s Abweichung pro Tag realisieren (vgl. Goudsmit & Claiborne 1970, S. 103). Die elektronisch gezähl-ten Schwingungen des Quarzkristalls – pro Sekunde sind dies 32.768, was der Schwingfrequenz der üblich verwendeten Uhrenquarze entspricht – sind vom Menschen nicht mehr zu leisten und entziehen sich dem sensorischen Zugang. Mit der nunmehr mikroelektronischen Zeitmessung beschäftigten sich demnach u. a. Physiker*innen, Nachrichtentechniker*innen und andere

hochqualifizierte Ingenieur*innen. Die neu gewonnene Genauigkeit besaß für alltägliche Dinge keine direkte Relevanz, sehr wohl aber für zeitsensible Vorgänge in Industrie, Medizin, Forschung oder Sport, um Einblicke in Prozesse zu gewähren, die für die menschliche Wahrnehmung schlichtweg zu schnell ablaufen (vgl. Goudsmit & Claiborne 1970, S. 95).

- **Atomuhren:** Die Genauigkeit wird mit Atomuhren um weitere Zehnerpotenzen ins Unvorstellbare gesteigert. 2015 erreichen die besten Modelle (in Kombination) eine Standardabweichung von 10^{-18} s, was einer Ungenauigkeit von einer Sekunde in circa 6 Mrd. Jahren entspricht (vgl. Nicholson et al. 2015). Die Quantenphysik zeichnet sich also ab sofort verantwortlich für die präziseste, nicht minder abstrakte Zeitmessung, die in naher Zukunft durch sogenannte optische Atomuhren in noch fehlerunanfälligere Sphären vordringen wird. Damit wird nicht nur die Entkopplung von der menschlichen Zeitauflösung, sondern auch von der astronomischen Zeit weiter vorangetrieben, da sie um ein Vielfaches genauer und zuverlässiger gehen als die Erdrotation selbst. Auf dem Gipfel der Abstraktion für das menschliche Vorstellungsvermögen könnte man sie auch als „transzendente" Atomuhrenzeit bezeichnen. Während Quarzuhren gegen Ende des 20. Jahrhunderts zum erschwinglichen Standard für Armband- oder Haushaltsuhren avancierten, handelt es sich bei den hochpräzisen Atomuhren um kostspielige Messinstrumente, die u. a. in Braunschweig für die gesetzliche Bereitstellung der Zeit herangezogen werden. Der Nutzen dieser exorbitant hohen Genauigkeit erschließt sich im Alltag den Normalverbraucher*innen nur indirekt, wenn er beispielsweise auf ein GPS-gestütztes Navigationssystem zurückgreift, das nur dank der sehr genauen Synchronisationen hinreichend gut funktionieren kann. Für die naturwissenschaftliche Forschung stellt diese Art der Genauigkeit ein konstituierendes Element dar, wenn zum Beispiel in Teilchenbeschleunigern Stoßprozesse untersucht werden sollen (vgl. Goudsmit & Claiborne 1970, S. 96).

Zusammenfassend und uhrformübergreifend lässt sich über die stetige Zunahme der Zeitmessgenauigkeit Folgendes sagen: Die Bedeutung der Zeitmessung wich mehr und mehr aus dem kollektiven Bewusstsein und wurde zu einem industriellen Fachgebiet für Spezialisten. Die antike Sonnenuhr wurde zwar von Gelehrten konstruiert, aber auf einem zentralen Platz positioniert, wo sie die Allgemeinheit betrachten und ablesen konnte. Atomuhren hingegen befinden sich in verschlossenen, evakuierten und erschütterungsresistenten Kammern, zu denen nur Befugte Zutritt haben. Mit wachsender Genauigkeit schrumpfte also der Personenkreis, der sich primär mit der Zeitbestimmung befasste. Dies mag mit den zunehmenden fachlichen Anforderungen zusammenhängen, die der weitere technische Fortschritt auf dem Gebiet der Messtechnik verlangte. Die notwendige Abkehr von leicht erfahrbaren Phänomenen und die Zuwendung zu anschaulich nur schwer zugänglichen Erforschungen subatomarer Zeitdimensionen (Atomuhren) sind darüber hinaus weitere Faktoren, die die Anzahl der Zeitmessungsbeauftragten drastisch dezimierten.

Zurück zur Anatomie der Uhr: Der Sekundenzeiger bleibt bis zum heutigen Tag das letzte Element von zentraler Bedeutung, das die moderne (analoge) Zeigeruhr vervollständigte. Abgesehen von schier unendlich verschiedenen Varianten des Zifferblatts, die allein der Ästhetik unterworfen sind, bleibt die Zeitanzeige daraufhin nahezu über Jahrhunderte in ihren grundlegenden Bestandteilen (Zifferblatt, Stundenzeiger, Minutenzeiger) unverändert. Das klassische zwölfstündige Zifferblatt inklusive seiner Zeiger hat sich vollständig als vorherrschendes Format etabliert.

Die erste adäquate Konkurrenz erfährt die Zeigeranzeige in Gestalt der Ziffernanzeige gegen Ende des 20. Jahrhunderts. An sich war diese Art der Zeitanzeige keine Neuheit, schon 1840 gab es beispielsweise eine Vorrichtung über der Bühne der Dresdener Semperoper in digitaler Form. Doch erst nach Erscheinung der ersten elektronischen Digitaluhr im Jahre 1972 eroberte das neue Format den Massenmarkt und verdrängte die klassische Anzeige vorübergehend (vgl. Lenz 2005, S. 484).

Auch den Armbanduhrträger*innen stand damit nun eine völlig neue Alternative zur Verfügung, welche ein paradigmatisch geändertes Darstellungssystem für die Uhrzeit nutzte und dabei ohne sichtbare Bewegung (von Zeigern oder Ähnlichem) auskam. Neben gewiss neumodischen Aspekten, die als Erklärung für den Aufstieg des vergleichsweise jungen Formats herangezogen werden können, barg es im Vergleich zur Zeigeranzeige andere, gewichtigere Vorteile, die im späteren Verlauf sorgfältig und zudem unter Einbeziehung seiner Nachteile der Vollständigkeit halber kritisch betrachtet werden. Doch die mit Abstand faszinierendste Frage lautet: Wenn das klassische Zifferblatt mit seinen im Uhrzeigersinn kreisenden Zeigern eine visuelle Manifestation der Vorstellung einer zyklischen Zeit darstellt, welche Vorstellung von Zeit fördert dann das digitale Format?

Analoge und digitale Uhrzeitformate in der Grundschule

4

Im folgenden Kapitel sollen analoge und digitale Uhrzeitformate vertiefend in den Blick genommen werden. Ein besonderes Augenmerk liegt dabei auf deren Bedeutung in und für die Grundschule, da dort der Erstkontakt mit dem Phänomen Zeit, Uhren und ihren verschiedenen Ausgabeformaten stattfindet.

Dabei rückt eine interessante Diskussion in den Mittelpunkt, die sich mit der Frage beschäftigt, wie zeitgemäß analoge Uhren noch in der Schule sind. Zur Beantwortung dieser Frage werfen wir unter anderem einen Blick in kognitionspsychologische Studien, die die Anforderungen beider Formate benennen. Im Anschluss sollen die empirischen Erkenntnisse didaktisch bewertet werden.

4.1 Öffentliche Diskussion

Im Mai 2018 berichtete das Nachrichtenmagazin „Der Spiegel" auf seiner Internetpräsenz von Überlegungen britischer Lehrkräfte, analoge Uhren – vor allem in Prüfungsräumen – abzuschaffen und diese durch digitale Uhren zu ersetzen (Der Spiegel 2018). Hintergrund dieser Maßnahme soll das zunehmende Unvermögen der Kinder und Jugendlichen im Umgang mit analogen Zifferblattdarstellungen sein. Insbesondere in Prüfungssituationen haben Schüler*innen damit zu kämpfen, sich die noch zu verbleibende Zeit einzuteilen. Malcolm Trobe – stellvertretender Generalsekretär des britischen Schulleiterverbandes ASCL – behauptet, Schüler*innen würden bei der Einteilung der Restzeit mit digitalen Uhrzeitformaten weniger Fehler machen, da sie tagtäglich fast ausschließlich mit ebendiesen Formaten in Berührung kämen. In Anbetracht der

P. Raack, *Zeit und das Potential ihrer Darstellungsformen*, MINTUS – Beiträge zur mathematisch-naturwissenschaftlichen Bildung, https://doi.org/10.1007/978-3-658-43355-0_4

auch bei Kindern und Jugendlichen stetig wachsenden Verbreitung von Smartphones, Tablets und anderen mobilen Endgeräten sei dies keine Überraschung,
da die Uhrzeit dort zumeist in Zifferndarstellung angezeigt werde (vgl. ebd.).
Handelt es sich bei diesem angestrebten radikalen Wechsel von analogen zu
digitalen Uhren lediglich um eine übliche Veränderung im Zuge des technologischen Fortschritts oder kann gar von einer nachhaltigen Wachablösung im
Sinne eines „Kulturverlustes" die Rede sein? Nur am Rande sei an dieser Stelle
auf ähnlich gelagerte, aber keineswegs direkt vergleichbare Fälle verwiesen, wie
zum Beispiel den (immer früher einhaltenden) Einzug des Taschenrechners in
den Mathematikunterricht, der ebenfalls kontrovers diskutiert wurde und wird
(vgl. Elschenbroich 2017). Andere Beispiele mit indirektem didaktischen Hintergrund, aber von bildungspolitischer Tragweite, sind die generelle Einführung
von Computern jeglicher Form („Laptopklassen" bzw. „Tablet-Klassen"), die Ver-
drängung handschriftlicher Leistungen durch bildschirmbasiertes Arbeiten u.v.m.[1]
All den genannten und einbezogenen Beispielen ist gemein, dass es sich um eine
grundlegende Frage des vernunftgeleiteten Einsatzes von technischen Hilfsmitteln
handelt, auf die im Verlaufe des Kapitels noch eingegangen wird.

Die gemeinsame Befürchtung besteht unter anderem darin, elementare und als
kostbar beurteilte Kulturtechniken verschüttgehen zu sehen, wofür der Taschen-
rechner, die Digitaluhr oder – kurz gesagt – technische Errungenschaften
verantwortlich gemacht werden. In die Kritik gerät dabei auch der sogenannte
„DigitalPakt Schule", eine finanziell kolossal dimensionierte Initiative der Bun-
desregierung, da die Digitalisierung in den Schulen kein Allheilmittel darstelle
(Ries 2019; Sigler 2019; Wunder 2018). Die öffentliche Diskussion um die Digitalisierung folge „neoliberalen Denkfiguren, statt einer pädagogischen Prämisse."
(Ries 2019). Schule solle demnach vorrangig ein Ort pädagogischer, und nicht
ökonomischer Interessen sein.

Der Begriff „Kulturtechnik" ist allgemein nicht trennscharf umrissen und
umfasst laut einschlägiger Literatur sehr viel mehr Fähigkeiten aus unterschiedlichsten Lebensbereichen (Maye 2010). Von didaktisch-pädagogischer Bedeutung
sind vordergründig aber die Fähigkeiten des Lesens, Rechnens und Schreibens,
die für die Grundschule und damit für die vorliegende Arbeit den größten
Stellenwert besitzen.

Anhand der 145 Leser*innenkommentare unter dem eingangs erwähnten
Spiegel-Artikel zur Abschaffung analoger Uhren erhält man einen ersten Eindruck
des offenbar sehr gespaltenen Meinungsbildes rund um das zu bevorzugende

---

[1] Als Beispiel aus einem anderen Gebiet seien computergestützte Navigationsgeräte erwähnt,
die der manuellen Orientierung mit analogen Karten gegenübersteht.

Uhrzeitformat und dessen Vor- und Nachteile. Die dort freilich teils mit einem Übermaß an Subjektivität angereicherten Standpunkte sind für eine wissenschaftlich tragbare Bewertung weniger hilfreich, insbesondere auf der Suche nach einer fundierten Antwort, welche/s Format/e gelehrt werden sollte/n. Aus diesem breit gefächerten Meinungsspektrum kann aber auch einerseits die bisher nicht erfolgte Reflexion des individuell präferierten Uhrzeitformats und andererseits das Ausmaß an persönlicher Bedeutsamkeit des Themas „(Uhr-) Zeit" (und der Umgang mit ihr) entnommen werden. Darüber hinaus scheint die Diskussion auch eine Frage des Generationenkonfliktes zu sein, da für die „digitale Generation" die Analoguhr nahezu ein Anachronismus zu sein scheint. In der kontroversen Leser*innendiskussion werden folgende zentrale Fragen zum analogen und digitalen Uhrzeitformat aufgeworfen und tangieren nachfolgend aufgeführte Grundfragen:

- Welche Daseinsberechtigung haben analoge Uhren angesichts der digitalen Vorherrschaft für Kinder (noch)?
- Welche (didaktisch wertvollen) Wahrnehmungsvorteile haben analoge/digitale Formate?
- Ist das digitale die „Weiterentwicklung" des analogen Formats?
- Wie können die unterschiedlichen Formate das Zeitverständnis und die Zeitvorstellung von Kindern beeinflussen?

Diese und weiterführende Fragen möchte das vorliegende Kapitel beantworten. Der Anspruch an ein möglichst objektives Urteil verpflichtet zur näheren Auseinandersetzung mit aktuellen Forschungserkenntnissen. Diesem Zweck dienlich können empirische Befunde der Kognitionspsychologie sein, aber auch andere statistische Erhebungen sollen in den Gesamtzusammenhang eingebettet werden.

4.2 Statistiken, Befunde, Erhebungen

Um sich ein umfassendes, tragfähiges Urteil über die beiden Uhrzeitdarstellungen zu bilden, ist es unabdingbar unter anderem die am Ableseprozess direkt beteiligten kognitionspsychologischen Prozesse näher zu beleuchten. Dabei soll das Hauptaugenmerk aber primär auf didaktisch-pädagogisch relevante Erkenntnisse im und für den Umgang mit den unterschiedlichen Zeitformaten gerichtet bleiben, wenngleich dafür ein Exkurs in psychologische Forschungsergebnisse zwingend notwendig ist.

Eine der wichtigsten Studien auf diesem Gebiet ist die von FRIEDMAN & LAYCOCK durchgeführte Untersuchung zu Ablesefähigkeiten und Zeitintervalloperationen mit beiden Formaten von Schülern der Klassenstufen 1 bis 5 (Friedman & Laycock 1989). In der ersten Wahrnehmungsaufgabe sollte zunächst lediglich die korrekte Uhrzeit von analogen und digitalen Zeitformaten abgelesen werden. Die Ergebnisse sind in Tabelle 4.1 dargestellt und liegen im digitalen Bereich (wenig überraschend) knapp unterhalb der hundertprozentigen Erfolgsquote, da bei digitalen Darstellungen die Aufgabe freilich einzig darin besteht, die bezifferten Stellenwerte zu identifizieren und zu artikulieren. Bei den analogen Uhrzeitdarstellungen treten nur bei „krummen" Uhrzeiten (8:43 Uhr, 9:43 Uhr, 10:43 Uhr usw.…) leichte Schwierigkeiten auf; die Lösungshäufigkeiten wachsen bei diesem Aufgabenszenario klassenübergreifend sukzessive an und erreichen in der 5. Klasse bei circa 80 % einen Höchstwert, dem ein Wert von 34 % in der 2. Klasse gegenübersteht.

Tabelle 4.1 Ergebnisse zur Ableseaufgabe von Uhrzeiten im analogen und digitalen Format, Angaben in Prozent korrekter Lösungen. Werte entnommen aus Friedman & Laycock (1989)

Ablesen	Analog			Digital		
Klassenstufe	–:00	–:30	–:43	–:00	–:30	–:43
2	97	91	34	100	100	97
3	88	97	69	100	100	100
4	100	97	78	100	100	100
5	100	88	81	100	100	100
Mittelwert Ø	96	93	66	100	100	99

Bei der Betrachtung der Ergebnisse fällt auf, dass die 1. Klasse in den vorliegenden Darstellungen fehlt. Die weit unterdurchschnittlichen Ergebnisse aus der 1. Klasse wurden hier im Gegensatz zur Originalquelle nicht für die Mittelwertbildung berücksichtigt, da sie deren Aussagekraft zu stark verzerren. Darüber hinaus erscheinen die schlechten Ergebnisse im 1. Schuljahr wenig verwunderlich, da die Uhr zumeist erst im darauffolgenden Jahr gelehrt wird und auch die mathematischen Grundlagen für den sicheren Umgang mit beiden Uhrzeitdarstellungen noch nicht vorausgesetzt werden können. Schon allein der für die Uhr relevante Zahlenraum ist dann meist noch nicht ausreichend weit und sicher genug erschlossen.

Aus Tabelle 4.1 geht abschließend hervor:

✓ Uhrzeiten im digitalen Format werden von Kindern besser abgelesen als in analoger Form.

Die für diese Schlussfolgerung herangezogenen Ergebnisse der Studie nach Friedman & Laycock sind kongruent mit anderen Befunden und stehen hier repräsentativ für ähnliche empirische Untersuchungen (vgl. dazu: Boulton-Lewis et al. 1997, Vakali 1991, Korvorst et al. 2007). Ergänzend kann erwähnt werden, dass es sich dabei um voneinander unabhängige Erhebungen handelt, die in verschiedenen Ländern auf verschiedenen Kontinenten durchgeführt wurden (USA, Australien, Griechenland, Niederlande). Ein regionaler Einfluss kann somit nahezu ausgeschlossen werden. Wünschenswert wäre hingegen noch eine Untersuchung zum Einfluss der Sprache auf die Ablesung der Uhren und den Umgang mit beiden Formaten, da die sprachlichen Konzepte der Uhrzeit-Artikulation durchaus differieren – sogar innersprachlich je nach Format.

Tabelle 4.2 Ergebnisse zu Zeitintervalloperationen mit analogen und digitalen Uhren, Angaben in Prozent korrekter Lösungen. Werte entnommen aus Friedman & Laycock (1989), dargestellt nach Raack (2019)

Intervall	Analog			Digital		
Klassenstufe	–:30	–:23	–:50	–:30	–:23	–:50
2	59	16	41	50	28	25
3	72	34	53	78	41	47
4	97	53	75	97	50	59
5	91	44	72	91	72	75
Mittelwert Ø	80	37	60	79	48	52

Von besonderem Interesse für die Unterschiede beider Formate sind die Ergebnisse der zuvor bereits erwähnten Zeitintervalloperationen, die die Probanden ebenfalls mit beiden Formaten und übereinstimmenden Test-Zeiten durchführen sollten. Die prozentualen Anteile an korrekten Lösungen sind in Tabelle 4.2 wiedergegeben. Die Kinder wurden angeleitet, diverse Uhrzeiten unterschiedlichen Schwierigkeitsgrades (z. B. 4:30 Uhr, 4:23 Uhr und 4:50 Uhr mit variierenden Stundenwerten) zu ermitteln und diese gedanklich um 30 Minuten zu ergänzen („Wie spät wäre es in 30 Minuten?").

Während die *Halb-Zeiten* (–:30) mit circa 80 % nahezu identische Lösungshäufigkeiten für beide Formate aufweisen, lassen sich bei den anderen Zeiten
gegenläufige Tendenzen erkennen (vgl. Tabelle 4.2): den Ergebnissen zufolge
wurde die Rechenoperation bei den *23-Nach-Zeiten* (–:23) mit dem digitalen
häufiger als mit dem analogen Format gelöst (48 % zu 37 % pro digital).
Bei den *10-Vor-Zeiten* (–:50) wiederum verkehren sich die Anteile interessanterweise (60 % zu 52 % pro analog). Über die zugrunde liegenden Ursachen
dieser konträren Bewegung liefern die ebenfalls erhobenen Lösungsstrategien der
Schüler*innen Aufschluss.

Tabelle 4.3 Lösungsstrategien korrekter Antworten zu Zeitintervalloperationen in fortset-
zendem Bezug zu Tabelle 4.2. Angaben in Prozent, Werte entnommen aus Friedman &
Laycock (1989)

Lösungsstrategie	Analog			Digital		
	–:30	–:23	–:50	–:30	–:23	–:50
Lösung „gewusst"	17	0	1	14	0	1
5er oder 10er-Schritte/Päckchen (v/a)	16	31	55	9	17	19
Addition (abstrakt-symbolisch)	22	51	21	35	70	60
Stunde vervollständigt (visuell)	32	0	0	22	0	0
Minutenzeiger (v)	10	4	10	–	–	–
Bezug zur Analoguhr (v)	–	–	–	12	3	12
Anderes	3	14	13	8	9	7

In Tabelle 4.3 sind zu jeder Lösungsmethode der prozentuale Anteil korrekter
Antworten für beide Uhrzeitformate aufgelistet. Die in den jeweiligen Format-
farben hinterlegten Zellen sind jene Strategien, die je Uhrzeit am häufigsten
angewandt wurden. So erkennen wir rasch, dass bei der analogen Uhr jeweils
verschiedene Ansätze je nach Aufgabe (Vervollständigung der Stunde, Addition
und 5er-und/oder-10er-Schrittzählung) Anwendung fanden, während beim digitalen Format stets die Methode der Addition bei unterschiedlichen uhrzeitlichen
Ausgangssituationen dominierte.[2]

---

[2] Hier nicht abgebildet, aber der Vollständigkeit halber erwähnenswert ist, dass die Strate-
gie „Addition" auch bei den falschen Antworten zur Digitaluhr methodenübergreifend den
größten Anteil ausmacht (Friedman & Laycock 1989).

4.2.1 Didaktische Interpretation

Aus den Ergebnissen der Studie lassen sich wichtige Erkenntnisse für den schulrelevanten, gewissenhaften Umgang mit beiden Uhrzeitformaten ableiten. Wie es bereits die Verteilung der farblich hinterlegten, häufigsten Lösungsstrategien aus Tabelle 4.3 suggeriert, scheint sich die analoge Uhr durch eine Vielseitigkeit ihrer Lösungsansätze auszuzeichnen, während beim digitalen Format das additive Verfahren offenbar nahezu unverzichtbaren Charakter besitzt.

Auffällig ist zum Beispiel der Ausreißer in der Kategorie „Bezug zur Analoguhr" von nur 3 % bei der 23-Nach- im Vergleich zu den 12 % bei der 10-Vor-Zeit. Die Doppelskalierung des analogen Zifferblattes von Stunden und Minuten weist in der klassischen Ausführung in der Regel zwölf ausgezeichnete Markierungen auf, die das mental-bildliche Abschreiten des Minutenzeigers in 5- oder 10-Minuten-Schritten unterstützt. Die Vorgabe „10-Vor" legt eine dementsprechende Herangehensweise sehr viel eher nahe, als dies beim ungeraden „Startwert" von „23-Nach" der Fall sein mag.

Des Weiteren gelangen noch 70 % der Schüler*innen bei den 23-Nach-Zeiten mit der Digitaluhr dieser Uhrzeit erfolgreich eine halbe Stunde hinzuzufügen, bei den 10-Vor-Zeiten hingegen nur noch 60 %. Der zugegeben geringe, dennoch vorhandene Rückschritt in der Lösungshäufigkeit kann auf mathematische Schwierigkeiten zurückgeführt werden, die beim Übertrag zur vollen Stunde und dem Rechnen darüber hinaus entstehen. Eine erschwerende Besonderheit des hier stattfindenden, teilschrittartigen „Päckchenrechnens" ist der Transfer vom vertrauten Dezimal- zum Sexagesimalsystem der Minutenzählung.

Die strategische Mannigfaltigkeit der analogen Zugänge auf der einen und die dominante, digitale Einseitigkeit auf der anderen Seite bergen freilich Vor- und Nachteile. So lässt sich indirekt pro Digitaluhr argumentieren, dass für die Handhabung mit Zeitspannen via Analoguhr gleich mehrere Fähigkeiten vonnöten seien, wohingegen das digitale Format lediglich arithmetische Grundfertigkeiten erfordert. Diese äußerst pragmatische Betrachtungsweise greift im pädagogisch-didaktischen Rahmen nach Auffassung des Verfassers jedoch zu kurz, weil (individuelle) Lernprozesse nicht auf ihre Ergebnisse reduziert werden sollten. Wir werden im späteren Verlauf noch genauer verstehen, inwiefern diese eindimensionale Methodik im Umgang mit Zeitspannen im digitalen Format ein Problem darstellen kann (vgl. 6.2). Im Zuge dessen soll dann auch der subjektiv bedeutsame Stellenwert solcher Zeitintervalloperationen für Schule und Alltag erläutert werden.

In Anbetracht der zuvor beschriebenen Additionslastigkeit im Umgang mit Zeitspannen im digitalen Format, muss der eingangs erwähnten Hypothese von

Trobe mit Skepsis begegnet werden („Schüler können sich mit Digitaluhren die verbleibende Zeit besser einteilen!"). Selbstredend beruht seine Äußerung auf der kolportierten Annahme, dass es mit der Digitaluhr besser funktioniere als mit der Analoguhr, weil Letztere immer weniger junge Leute sicher beherrschten. Dennoch muss angesichts der vorgestellten Ergebnisse ergänzend konstatiert werden, dass diese Intervalloperationen – Restzeitbestimmungen in Prüfungssituationen inbegriffen – durchaus vereinnahmende, additive (Kopf-) Rechenfertigkeiten verlangen, denen (auch schon 1989!) nicht jede*r Schüler*in zweifelsfrei gewachsen ist. Über die Bedeutung mathematischer Kompetenzen im Umgang mit der Uhrzeit geben auch die nachfolgenden Abschnitte Aufschluss, wenn geklärt wird, dass sich an die normale Zeitablesung häufig zumindest eine grobe Abschätzung anschließt.

4.2.2 „Abschwung" der analogen Uhr am Handgelenk

Die Frage nach Ursache und Ausmaß der vermehrt aufkommenden Schwierigkeiten junger Menschen die Zeigeruhr zu entziffern, stellt einen überaus wichtigen Aspekt in der derzeitigen Diskussion dar. Angesichts der stetig fortschreitenden Digitalisierung unserer und der Umwelt unserer Kinder, kommt man unweigerlich zu dem Schluss, dass die enorme Verbreitung von mobilen Endgeräten (Smartphones, Tablets, Smartwatches, etc.) als Hauptursache angeführt werden muss. Bei Kindern und Jugendlichen lässt sich seit Jahren ein Anstieg in Besitz und Konsumverhalten von digitalen Medien verzeichnen, aus dem zumindest indirekt auf eine Dominanz des digitalen Uhrzeitformates geschlossen werden kann (Feierabend et al. 2018a, 2018b).

Im Vergleich beider Formate unter geometrischen Gesichtspunkten erschließt sich schnell, warum bei bildschirmbasierten Medien vorrangig digitale Uhrzeitformate genutzt werden (vgl. Abbildung 4.1). Damit die nur begrenzt vorhandene Fläche des Bildschirms möglichst effizient genutzt werden kann, ist die räumlich kompakteste aller Uhrzeitangaben sinnvoll. Während bei der analogen Form der Radius und – bei ratsamem Vorhandensein – die Mindestgröße der Stundenskala auf der Schwelle zur guten Lesbarkeit die darzustellende Größe auf dem Display determinieren, können im Vergleich dazu in der digitalen Darstellungsweise bei identischer Fläche die Ziffern schon in der doppelten Größe des analogen Radius' abgebildet werden. Darüber hinaus muss das analoge Zifferblatt aufgrund der rotierenden Zeiger immer zyklisch bzw. quadratisch dargestellt werden, wohingegen die Digitalanzeige keinem starren geometrischen Format unterworfen und bereits in „Zeilengröße" gut zu lesen ist. In Abbildung 4.1 ist dieser Vorteil digitaler Formate gut dargestellt: unter der Voraussetzung einer identischen Anzeigefläche – die hier der Deutlichkeit halber von der Zeilengröße in vertikaler Richtung begrenzt ist – kann die digitale Uhrzeit deutlich besser abgelesen werden.

Abbildung 4.1   Vergleich der Darstellungen von digitalem und analogem Format bei Vorhandensein von identischer Vertikalfläche. Die Vorteile des digitalen Formates liegen in der besseren Lesbarkeit bei begrenzt verfügbarem Raum

Freilich kann bei der Analoguhr prinzipiell auch auf Darstellungen von Ziffern gänzlich verzichtet werden, da einzig die relativen Zeigerstellungen relevant für die grobe Uhrzeitermittlung sind. Dennoch ist hier eine Mindestgröße anzuraten, um die nicht bezifferten Stundensegmente dann noch gut voneinander unterscheiden zu können, damit die Zeigeruhr nicht ihren Zweck verfehlt.

Als weicher Indikator für den voranschreitenden Verlust des Lesevermögens analoger Formate bei jungen Menschen kann auch die dynamische Entwicklung der Armbanduhrverwendung herangezogen werden. Unter Berücksichtigung mehrerer, auch ausländischer Statistiken geht hervor, dass nicht nur die analoge Affinität (Zeigeruhr ablesen), sondern auch die Anzahl der Armbanduhrträger in den letzten Jahrzehnten abgenommen hat (Boulton-Lewis et al. 1997, S. 142; Grieß 2016; Lenz 2005, S. 484; Parry 2017; Schorch 1982, 144). Manchen Befragungen fehlte es jedoch bedauerlicherweise an differenzierender Präzision

bezüglich des verwendeten Uhrzeitformates, da es selbstverständlich sowohl analoge als auch digitale Armbanduhren gibt. In anderen Fällen wurden zum Beispiel
Armbanduhren mit Smartwatches gleichgesetzt, wobei das Zeitformat ebenfalls
unberücksichtigt blieb (vgl. Grieß 2016).

Nach SCHORCH beispielsweise trugen in den frühen Achtzigerjahren laut seiner Untersuchung noch gut ein Drittel (33,6 %) der Grundschüler am Ende der 4.
Klasse eine Armbanduhr (vgl. Schorch 1982, S. 144). Aktuellere Zahlen aus den
USA (Oklahoma), wonach nur rund 10 % der 6- bis 12-Jährigen eine Armbanduhr besitzen, deuten für den gegenwärtigen Stand einen ähnlich starken Rückgang
auch hierzulande an (Parry 2017). Einer Umfrage des Markt- und Meinungsforschungsinstituts YouGov zufolge verliere die Armbanduhr für die „Generation
Handy" ebenfalls an Bedeutung (Grieß 2016). Darin wurden die Proband*innen
gefragt, wie sie normalerweise herausfinden, wie spät es ist, wenn sie unterwegs
sind. Bei knapp der Hälfte (49 %) der 1543 Befragten lautete die Antwort „Armbanduhr", gefolgt von 38 %, die ihr Handy zur „Zeitbeschaffung" nutzen. In der
Aufschlüsselung der Ergebnisse wird darüber hinaus ersichtlich, dass das „Duell"
zwischen Armbanduhr und Handy stark vom Alter der Befragten abhängt. Die 18-
bis 24-Jährigen kommen auf prozentuale Angaben für Armbanduhr und Handy
von 26 % und 66 %, bei den über 55-Jährigen verkehren sich die Verhältnisse
nahezu ins Inverse zu 66 % (Armbanduhr) und 21 % (Handy) (vgl. ebd.).

Widmen wir uns nun wieder dem für die vorliegende Arbeit interessantesten
Aspekt, dem Uhrzeitformat, aber nun im Hinblick speziell auf Armbanduhren.
Nach dem oben bereits erwähnten Boom des digitalen Formates in den 1970er
und 80er-Jahren ebbte die Beliebtheit der reinen Ziffernanzeige ab. In einer
Befragung aus dem Jahr 2001 etwa verfügten circa 60 % über eine analoge
Armbanduhr, denen 15 % an Digitaluhren gegenüberstanden (vgl. Lenz 2005,
S. 484).[3]

Für diese Renaissance der Analoguhren mag es diverse Gründe gegeben
haben, die im späteren Verlauf des Kapitels – vor allem bei der Analyse der
eigenen Befragung – noch näher betrachtet werden. Interessant ist an dieser
hohen Verfügbarkeit analoger Armbanduhren im Jahr 2001 allerdings, dass sie
die Situation vor dem Zeitalter der flächendeckenden Eroberung des Smartphones widerspiegelt. Wie schon zuvor im Verlaufe der Arbeit angeklungen, wird
in erster Linie das Handy und dessen beispiellose Verbreitung als Hauptursache

---

[3] Die Befragung ist insofern betrachtenswert, als angesichts des Durchführungsjahrs 2001
davon ausgegangen werden kann, dass ohne die heutige Verbreitung des Smartphones kein
anderes mobiles Mittel zur Verfügung stand, sich die Uhrzeit zu beschaffen. Die restlichen
Angaben neben den bereits genannten waren: 7 % Handy mit Zeitanzeige, 2 % Taschenuhr,
16 % keine Uhr bei sich (vgl. Lenz 2005, S. 484).

angeführt, dass Kinder und Jugendliche die Zeigeruhr nicht mehr lesen können, da sie dort zumeist mit dem digitalen Format konfrontiert werden. Selbst die zunehmende Anzahl der Smartwatches trägt (bisher) nicht zur erneuten Rückkehr des analogen Formats an die Handgelenke ihrer Nutzer*innen bei, wie es die Ergebnisse einer vom Verfasser durchgeführten Befragung von Studierenden des Grundschullehramtes vermuten lassen (vgl. 5). Dies ist vor allem deswegen interessant, da die am häufigsten genutzte Funktion der Smartwatch die Uhrzeitanzeige (80 %) ist (BVDW 2016). Ausgehend von ihrer Vormachtstellung gegenüber klassischen Armbanduhren wäre die Frage nach dem angezeigten Format der Uhrzeit auf den Smartwatches von Interesse. Auf einem hochauflösenden Bildschirm am Handgelenk lässt sich marken- und modellübergreifend – wenn auch elektronisch – selbstverständlich auch ein Zifferblatt abbilden.

Der prädominante Stellenwert des alltäglich genutzten Uhrzeitformates bei Kindern und Jugendlichen kann auch aus den Studienergebnissen herausgelesen werden. Bemerkenswerterweise nimmt bei allen erwähnten Studien zur analogen Uhrlesefähigkeit die Anzahl korrekter Antworten mit den Klassenstufen zu, obwohl die Uhrzeiten als eigenständiges Thema lediglich zumeist in der 2. Klasse gelehrt und in folgenden Schuljahren nicht weiter behandelt werden. Der Zuwachs kann also nur damit erklärt werden, dass die Kinder ihre Uhrlesefähigkeit ohnehin durch Alltagsbezüge festigen und verbessern. Dies gilt jedoch nur für das analoge Format, dem ein Ablesekonzept zugrunde liegt. Aus den repräsentativen Ergebnissen in Tabelle 4.1 geht schließlich hervor, dass die digitale Uhr bereits ab der 2. Klasse nahezu fehlerfrei gelesen wird und demzufolge auch nicht „gelernt" oder vertieft werden muss. Mit den Vor- und Nachteilen dieser Umstände beschäftigt sich der folgende Abschnitt.

4.2.3   Fragwürdige Zeitökonomie

Ein weiterer, auch didaktisch weitreichender Unterschied bei der Handhabung beider Formate findet sich auf kognitionspsychologischer Ebene. Im Rahmen einer kooperativen Studie der Universitätskliniken Aachen und Nimwegen wurde untersucht, ob und bei welchen verbalen Uhrzeitangaben ein zugrunde liegendes Uhrverständnis erforderlich ist (Korvorst et al. 2007). Den Proband*innen wurden verschiedene Uhrzeiten in analogen und digitalen Formaten präsentiert, die sie erkennen und artikulieren sollten. Im Vorhinein wurden sie jedoch blockweise angewiesen, die Uhrzeit entweder in relativer (z. B. „Viertel vor sechs") oder absoluter Form („fünf Uhr fünfundvierzig") anzugeben.

Abbildung 4.2 veranschaulicht schematisch drei Wege, die ausgehend vom jeweiligen Uhrzeitformat in eine relative oder absolute sprachliche Wiedergabe der Uhrzeit münden. Der wesentlichste Unterschied zwischen den relativen (a, b) und absoluten (c) Pfaden besteht in der Aktivierung des (analogen) Uhrlesekonzeptes, der im oberen Bereich der Abbildung mit „Integrierende Verarbeitung" zusammengefasst ist. Exemplarisch sei dies an Pfad (b) erläutert, wo nach erfolgreicher Identifizierung der Digits (Zifferstelle) im digitalen Format der erkannte Uhrzeitwert auf das analoge Konzept übertragen, darin verarbeitet und mit inhaltlicher Bedeutung versehen, sprachlich vorbereitend decodiert und schlussendlich artikuliert wird. Pfad (c) hingegen kennzeichnet einzig die kognitive Dechiffrierung der digitalen Anzeige in der Von-Links-nach-Rechts-Leserichtung und die Verbalisierung im (dem Format entsprechenden) Artikulationsmodus. Die Länge der elliptisch hinterlegten Pfeile, die in der Abbildung direkt von beiden Uhrformaten ausgehen, symbolisiert die gravierenden zeitlichen Unterschiede der formateigenen Ablesung, die bei der analogen Uhr (a) im Vergleich zu den

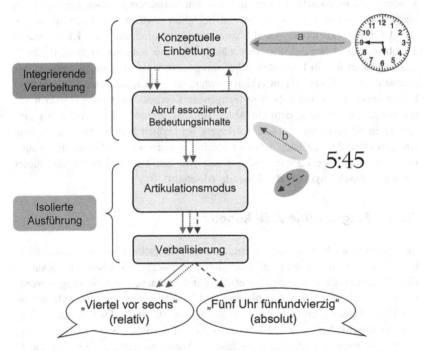

Abbildung 4.2 Kognitive Verarbeitungs- und Artikulationsschemata analoger und digitaler Uhrzeitformate. Am Original orientiert: (Korvorst et al. 2007, S. 188)

digitalen (b)- und (c)-Pfaden bis mehr als die doppelte Zeit beansprucht (vgl. Tabelle 4.4).

Als Erklärungsansatz dient freilich im analogen Format die zunächst zu erfolgende Identifizierung der beiden Zeiger inklusive der unterschiedlichen Skalenwerte und deren relative Stellung zueinander, wohingegen die digitale Anzeige eine serielle Ablesung einer drei- bis vierstelligen Zifferfolge darstellt. Somit durchläuft Pfad c lediglich das untere Feld im hier illustrierten kognitiven Schema, das mit „Isolierte Ausführung" bezeichnet wird.

Für alle drei „Wege" wurde die Zeit von der in Augenscheinnahme bis zur Artikulation der Uhrzeit gemessen. Tabelle 4.4 zeigt neben den Durchschnittswerten über alle in der Studie erhobenen Zeiten hinweg exemplarisch minimalste und maximalste Werte aller Konfigurationen, aus denen sich übergreifend eine relative und absolute Charakteristik herauskristallisiert. Demnach handelt es sich bei den aufgeführten Extremwerten bei der relativen Wiedergabe der Uhrzeit um identische Uhrzeittypen (volle Stunde, 20 nach, 20 vor), wohingegen die absolute Zeitnennung für gänzlich andere Uhrzeitkonstellationen Minimal- und Maximalwerte aufweist.

Tabelle 4.4 Mittelwerte der gemessenen Zeitspannen in Millisekunden von Erfassung bis Artikulation bei verschiedenen Uhrleseparadigmen.[4] Werte entnommen aus Korvorst et al. 2007

	(a) Analog relativ	(b) Digital relativ	(c) Digital absolut
Kleinster Wert/Uhrzeit	976 / –:00	576 / –:00	472 / –:05
Größter Wert/Uhrzeit	1054 / –:20 1047 / –:40	748 / –:20 759 / –:40	492 / –:35 487 / –:45 + –:15
Spanne zw. Max–Min	78	172	20
Mittelwert	1016	670	484

Anhand der Mittelwerte wird deutlich, dass die digital-absolute Uhrzeitangabe im Schnitt weniger als die Hälfte der Zeit beansprucht, die für die analog-relative Methode (a) benötigt wird. Variante (b) erfordert ebenfalls weniger Zeit, muss aber nach erfolgreicher Ermittlung der Stunden- und Minutenwerte noch in das analoge Zifferblatt-Konzept überführt werden, wodurch die leichte Verzögerung

---

[4] Die Mittelwerte beziehen sich nicht nur auf die hier exemplarisch aufgeführten Einzelwerte. Auf eine detaillierte Darstellung der jeweiligen Standardabweichungen wird an dieser Stelle verzichtet, dennoch soll angemerkt werden, dass diese im Verhältnis a: b: c wie 3,0: 1,5: 1,0 zueinanderstehen.

im Vergleich zu (c) erklärt werden kann. Anhand des aufgeführten Modells ließe sich zunächst aus den Pfadlängen schließen, dass Pfad (b) aufgrund der größten Anzahl an „Stationen" womöglich auch die meiste Zeit beanspruche. Dies betont jedoch erneut den formateigenen Initialprozess der Ablesung, worauf die elliptischen Hinterlegungen aufmerksam machen sollen. Abbildung 4.3 veranschaulicht die Mittelwerte aus Tabelle 4.4 in relationalen Maßstäben.

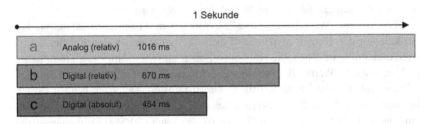

Abbildung 4.3 Verhältnisgetreuer Zeitspannenvergleich der bei Korvorst et al. 2007 ermittelten Durchschnittswerte für verschiedene Artikulationen des jeweiligen Formats. Die oben abgebildete Pfeillänge entspricht 1 Sekunde bzw. 1000 Millisekunden

4.2.4 Didaktische Bewertung

Wir sehen also, dass die absolute Zeitangabe via Digitaluhr mit Abstand am schnellsten erfolgt. Pro Ablesung lässt sich auf diesem Wege mehr als die Hälfte der Zeit einsparen. Sollte die hier dokumentierte zeitliche Effizienz nicht Argument genug sein, um sich generell für digitale Formate auszusprechen? Diese provokante Suggestivfrage zielt freilich auf einen zu erweiternden Horizont bei einer umsichtigen Beantwortung ab. Aus einer rein effizienzorientierten Perspektive heraus möge man sie womöglich voreilig bejahen. Dem muss jedoch entschieden die Schlussfolgerung der behandelten Studie hinsichtlich des digital-absoluten Schnelligkeitsvorteils entgegnet werden: „Evidently, speakers can tell time without having to know what time it is." (Korvorst et al. 2007, S. 191). Eine freie, sinngemäße Übersetzung könnte lauten: Man kann die Uhrzeit auch wiedergeben, ohne tatsächlich wissen zu müssen, wie spät es ist.

Zu einer nahezu identischen Einsicht gelangten auch schon andere Forscher*innengruppen, die in ihren Untersuchungen ebenfalls fanden, dass die Zeitermittlung im digitalen Format schneller (und leichter) gelingt, aber: „This does not mean, however, that children fully understand what they are reading." (Boulton-Lewis et al. 1997, S. 149). Dieses Phänomen ist keineswegs uhrzeitformatinhärent, sondern stellt offenbar einen fundamentalen, nicht aufzulösenden Unterschied zwischen dem Abstraktionsgrad des Objektes selbst (Uhrzeit) und seiner verschriftlichten (digital) oder verbildlichten (analog) Form dar. Eine Studie nach LEVELT kam dementsprechend zu ähnlichen Ergebnissen, wonach das Lesen und Nennen eines Objektsnamens, anders als beim Betrachten und Benennen des Objektes selbst, auch „konzeptfrei" vonstattengehen kann (Levelt et al. 1999). Mit anderen Worten: es ist demnach möglich, ein Wort auch losgelöst von dessen Bedeutung zu lesen bzw. zu nennen, ohne es konzeptuell oder bedeutungsbegleitet eingebettet zu haben. Der dafür entscheidende Prozess ist in Abbildung 4.2 mit „Abruf assoziierter Bedeutungsinhalte" bezeichnet worden. Ein Name ohne Verknüpfung mit inhaltlicher Bedeutung bleibt nur ein Etikett.

Diese Erkenntnis mag uns erwachsene Menschen vielleicht zu einem Denkanstoß anregen, die eigene Perspektive auf beide Formate reflexiv neu zu bewerten. Gegenüber Kindern jedoch, die in der Primarstufe erstmals an die Uhrzeit herangeführt werden und dem Dargebotenen keinerlei kritische Haltung entgegensetzen (können), sollte ein verantwortungsvolles Bewusstsein herrschen, welche Wertigkeit dem jeweiligen Format zugeschrieben werden kann.

Es klang bereits latent an, dass mit der empirisch belegten Schnelligkeit des digitalen Formats auch die Einfachheit seines Ablesens einhergeht, wie es das Zitat nach BOULTON-LEWIS aus dem letzten Absatz und auch die nahezu fehlerfreien Ablesungsstatistiken aus Tabelle 4.1 untermauern. Eine einseitige Konzentration auf das digitale Format sollte angesichts der genannten Gründe oder als Vermeidungsmaßnahme zur anspruchsvolleren Analoguhr dennoch nicht erfolgen.

Bei allen Erschwernissen und Widrigkeiten, die sich auf dem Weg zur sicheren Beherrschung der Analoguhr auftun, darf in der Unterrichtspraxis der Bequemlichkeit halber keine vermeintliche „Abkürzung" über das digitale Format führen. Durchaus denkbar, aber aufgrund sozialer Erwünschtheit schwer zu belegen, ist zum Beispiel die Situation, dass im Falle hartnäckiger Verständnisprobleme bei der Zeigeruhr im auch mal hektischen Alltagsunterricht bei einzelnen Schüler*innen die digitale der analogen Uhr vorgezogen wird. Die Gefahr des Versäumens der analogen Ablesefertigkeit besteht in dem oben bereits beschriebenen Potential der Zeigeruhr, auf vielfältige Weise mit ihr und beispielsweise Zeitintervalloperationen umgehen zu können (vgl. 4.2.1).

In Kapitel 6 werden weiterführende Fragen rund um die Anforderungen beider Uhrtypen aufgegriffen und auf den wichtigen Zusammenhang von mathematischen Fähigkeiten und Uhrzeitkompetenzen eingegangen. Letzterer ist von eminenter Bedeutung bei der Beurteilung beider Uhrzeitformate unter didaktisch-pädagogischen Aspekten.

„Eine Frage der Zeit" – Befragung angehender Grundschullehrkräfte

5.1 Teilnehmende und Rahmenbedingungen

Im vorliegenden Kapitel wird eine Befragung vorgestellt, die der Verfasser im April 2019 mit 85 Studierenden des Grundschullehramtes mit der Fächerspezialisierung „Sachunterricht" an der Universität Siegen durchgeführt hat. Im Detail handelt es sich um Studierende im dritten Regelsemester, die zu Beginn der Vorlesung mit dem Titel „Einführung in die Grundlagen der Physik/ Technik 2" befragt wurden. Die Themen der Befragung und die Vorlesungsinhalte weisen keinerlei Schnittmenge auf und hatten daher keinen Einfluss auf die Wahl des Befragungstermins. Der erste Vorlesungstermin wurde gewählt, um erfahrungsgemäß von der größtmöglichen Teilnehmer*innenanzahl zu profitieren.

5.2 Übergeordneter Zweck der Befragung

1) Das Ziel der Erhebung ist die eigene Dokumentation der Vorherrschaft des digitalen Uhrzeitformates und des generellen Vorhandenseins digitaler Medien, aus denen zumindest indirekt womöglich auf das digitale Format geschlossen werden kann.
2) Darüber hinaus soll ein Meinungsbild bezüglich der beiden Uhrzeitformate eingeholt werden, um die in dieser Frage offenbar sehr wichtige Subjektivitätskomponente abzubilden.

Ergänzende Information Die elektronische Version dieses Kapitels enthält Zusatzmaterial, auf das über folgenden Link zugegriffen werden kann https://doi.org/10.1007/978-3-658-43355-0_5.

P. Raack, *Zeit und das Potential ihrer Darstellungsformen*, MINTUS – Beiträge zur mathematisch-naturwissenschaftlichen Bildung, https://doi.org/10.1007/978-3-658-43355-0_5

3) Abschließend soll ein Einblick in persönlich-fachliche Überzeugungen zu ausgewählten Themen gewährt werden, die unter anderem dem Inhaltsfeld „Zeit" entspringen.

5.3   Technisches Briefing und Umsetzung

Nach einer kurzen inhaltlichen Einführung des Moderators wurden die Studierenden technisch instruiert, da die Befragung mit den eigenen digitalen Medien und der interaktiven Präsentationssoftware Mentimeter durchgeführt wurde. Zur Teilnahme war mindestens ein internetfähiges mobiles Endgerät erforderlich, über das auf Rückfrage des Durchführenden alle Anwesenden verfügten. Es wurde vorbereitend kleinschrittig erklärt, welche Website (www.menti. com) zunächst aufzurufen war, auf der ein fünfstelliger Zahlencode eingegeben werden musste, um sich mit der betreffenden Online-Präsentation zu verknüpfen. Zur visuellen Unterstützung wurden ebendiese essenziellen Informationen inklusive Anmeldecode dauerhaft auf der großen Präsentationsfläche im Hörsaal eingeblendet.

Nach erfolgreicher Anmeldung konnte auf dem digitalen Portal erst dann eine Eingabe gemacht werden, wenn die jeweilige Frage zur Beantwortung manuell vom Moderator freigegeben worden ist. Auf diese Weise war es möglich, die Aufmerksamkeit der Befragten auf den Moderator und die Präsentationsfläche des Projektors zu richten, damit die Teilnehmenden sich bestmöglich auf die Befragungsszenarien konzentrieren können. Außerdem konnte damit gewährleistet werden, dass alle Teilnehmer*innen stets dieselbe Frage behandeln und nicht vorgearbeitet werden konnte.

Die verwendete Software verfügt zudem über ein Echtzeit-Feedback-Tool, das die abgeschlossenen Eingaben der Teilnehmer ohne Verzögerung auf der Präsentationsfläche wiedergibt. Neben der Anschaulichkeit versprach sich der Moderator davon auch einen motivierenden Effekt, da das Echtzeitfeedback der Transparenz und Authentizität der Befragung zugutekommt.

5.4 Frage #1: „Auf welche Ihrer Uhren haben Sie eben geschaut?"

5.4.1 Beschreibung der Ergebnisse zu Frage #1

Mit der ersten Frage sollte ein Szenario kreiert werden, bei dem die Studierenden intuitiv ihren üblichen, individuellen Weg wählen, die aktuelle Uhrzeit herauszufinden. Dazu richtete der Moderator das Wort an die Befragten, um eine möglichst unwillkürliche Reaktion zu provozieren: „Wenn ich Sie jetzt fragen würde, wie spät es ist. Wie würden Sie das normalerweise herausfinden?". Die Antwortmöglichkeiten sind im Stile einer Multiple-Choice-Frage mit einfacher Nennung vorgegeben worden: *Smartphone (analog), Smartphone (digital), Armbanduhr (analog), Armbanduhr (digital), Smartwatch (analog), Smartwatch (digital), andere Uhr, Ich habe keine Uhr dabei.* Als Erinnerung und präzisierende Zusatzbeschreibung befand sich unmittelbar oberhalb der Eingabefelder in der Browseransicht folgende Hilfestellung: „Gemeint ist der intuitive Blick, wenn Sie herausfinden wollen, wie spät es ist.".

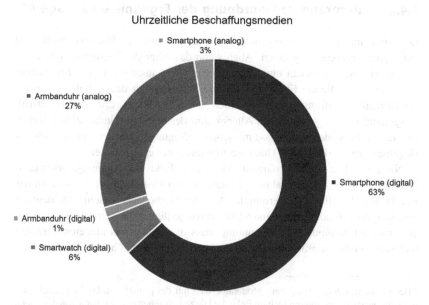

Abbildung 5.1 Ergebnisse Frage#1 zum Beschaffungsmedium der aktuellen Uhrzeit und dessen Format (n = 71). 14 der 85 Angaben wurden hier aufgrund irrelevanter Antworten nicht berücksichtigt. Analoge und digitale Formate sind der Anschaulichkeit halber farblich differenziert dargestellt

Die Ergebnisse der ersten Frage sind in Abbildung 5.1 dargestellt. Als abweichende Besonderheit muss erwähnt werden, dass 14 von den ursprünglich 85 Teilnehmern eine für die angestrebte Erkenntnis dieses Befragungsteils irrelevante Angabe machten.[1] Die 71 verwertbaren Antworten können zunächst mediumunabhängig in beide Uhrzeitformate eingeteilt werden, wobei sich eine summierte Verteilung von 70 % zu 30 % zugunsten des digitalen Formats zeigt.

Das mit Abstand am häufigsten verwendete Medium zur Uhrzeitermittlung war das Smartphone mit insgesamt 47 Stimmen, die gut zwei Drittel (66 %) aller gültigen Angaben ausmachen. Nur 3 % (2 Befragte) gaben an, auf ihrem Smartphone die Uhrzeit in analoger Form abzulesen, der mehrheitliche Rest ermittelt die Uhrzeit auf dem Smartphone in der Zifferndarstellung (63 %, 45 Stimmen).

Dahinter folgt die Armbanduhr, die insgesamt auf 28 % kommt, die sich aus lediglich 1 % (1 Teilnehmer) der Digitaluhr und 27 % (19) der klassischen, analogen Armbanduhr zusammensetzen. Die Smartwatch, die in beiden Formaten als Antwortmöglichkeit zur Verfügung gestellt wurde, wurde ausschließlich in ihrer digitalen Darstellungsweise genannt (6 % ≙ 4 Personen).

5.4.2   Interpretative Einordnung der Ergebnisse zu Frage #1

Die Annahme der großflächigen Verbreitung des digitalen Uhrzeitformats wird mit diesen Ergebnissen gestützt. Auch wenn das Alter der Befragten nicht erhoben wurde, ist von einem durchschnittlichen Wert auszugehen, der bei Anfang 20 liegen mag. Die am Ergebnis ablesbare Vorherrschaft des digitalen Formates zur Uhrzeitbeschaffung korreliert freilich mit dem Alter (vgl. u. a. Grieß 2016). Ausgehend vom angenommenen Altersschnitt der befragten Studierenden decken sich die vorliegenden Ergebnisse mit jenen Befragungen aus der Literatur, die im Gegensatz zur vorliegenden Untersuchung das Alter erfasst haben.

Nach der oben bereits erwähnten Studie des Markt- und Meinungsforschungsinstituts YouGov aus dem Jahre 2016 nutzen zwei Drittel der 18-24-Jährigen das Handy, um die Uhrzeit zu ermitteln. Aus der Studie geht zudem sehr deutlich eine steigende Tendenz zur Handy-Uhr hervor, je jünger die Menschen sind. Daraus erwächst zumindest die Vermutung, dass die noch etwas jüngeren Teenager und Jugendlichen diesbezüglich einen noch größeren Anteil aufweisen. Auch der

---

[1] Bedauerlicherweise entging dem Moderator, dass auf der projizierten Desktopansicht seines Computers in der unteren rechten Ecke die Uhrzeit zu sehen war. Erstaunt von der hohen Anzahl an Antworten in der Kategorie „Andere Uhr" ergab sich im Nachgang, dass sich einige Teilnehmer*innen dieser Gelegenheit zur Uhrzeitermittlung bedienten.

Anteil an Armbanduhrträger*innen ist mit gut einem Viertel (hier: 28 %, YouGov: 26 %) kongruent für diese Altersschicht.

Über das Uhrzeitformat macht die externe Studie keine Angaben. Die hier präsentierten Ergebnisse legen aber den Schluss nahe, dass auf dem Handy zumeist in digitaler und von der Armbanduhr in analoger Form die Uhrzeit abgelesen wird. Manche Smartphone-Hersteller ermöglichen eine alternative Darstellung der Uhrzeit mit analogem Zifferblatt, wovon jedoch offenbar nur selten Gebrauch gemacht wird. Bei führenden Smartphone-Konzernen fehlt diese Option auf dem Handy (z. B. Apple) und wird nur – wenngleich in großer Auswahl – bei der Smartwatch-Variante ermöglicht.

5.5 Frage #2: „Analoge oder digitale Uhren – welches Format bevorzugen Sie und warum?"

5.5.1 Beschreibung der Ergebnisse zu Frage #2

Die zweite Frage baut unmittelbar auf der ersten auf und nutzt den noch präsenten Eindruck der flüchtigen Reflexion bezüglich des zuvor individuell angegebenen Uhrzeitformats. Der zwiespältige Charakter der Frage ist bewusst gewählt worden, um bei der Beantwortung möglichst wesenseigene, bestärkende Attribute der beiden Formate zu erhalten. Eine Sowohl-als-auch-Antwort war dennoch möglich, da die Frage als Freitext beantwortet werden sollte. Vor der Eingabe wurden die Studierenden durch den Moderator darauf aufmerksam gemacht, dass sowohl ausformulierte Fließtextantworten als auch stichwortartige Angaben gemacht werden konnten, aber detaillierte Ausführungen freilich zweckdienlicher wären. Die Individualmotivation zur gewissenhaften Teilnahme könnte dazu gesteigert worden sein, da die anonymen Antworten nach digitaler Übermittlung nahezu verzögerungsfrei als Sprechblase auf der für alle einsehbaren, großen Projektionsfläche erschienen.

Vorab sei angemerkt, dass die Auswertung qualitativer Daten freilich stets dem subjektiven Interpretationsspielraum unterliegt. Demgemäß erfolgte die Kategorisierung einzelner Antworten nur bei einem hinreichenden Maß an Eindeutigkeit, andernfalls wurden sie der Kategorie „Gemischt" zugeordnet (siehe Datenkorpus zu Frage #2 im Anhang des elektronischen Zusatzmaterials).

Abbildung 5.2
Persönliche Präferenz von
Lehramtsstudierenden des
Grundschullehramtes
hinsichtlich analoger und
digitaler Uhrzeitformate bei
offenem Fragedesign
(n = 85)

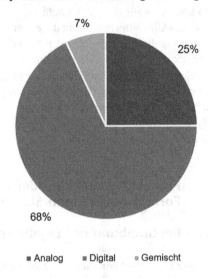

Subjektive Vorliebe: Analog oder Digital?

7%

25%

68%

■ Analog   ■ Digital   ■ Gemischt

Abbildung 5.2 veranschaulicht die übergeordnete quantitative Verteilung der Antworten zur offenen Fragestellung auf beide Formate. Diese ist nahezu kongruent mit jener Aufteilung der tatsächlich herangezogenen Formate aus Frage #1 (vgl. Abbildung 5.1). 7 % konnten weder analogen noch digitalen Zeitanzeigen eindeutig zugewiesen werden und fielen demnach in die Kategorie „Gemischt", die u. a. Antworten mit situationsbedingten Begründungen bei der Uhrzeitablesung enthält.

5.5.2 Qualitative Auswertung der Formatattributionen

Neben der zunächst groben Zuordnung der subjektiven Vorliebe bezüglich des Uhrzeitformats sind vor allem die individuellen Zuschreibungen von besonderes aussagekräftigem Interesse. Das Gros der Antworten besteht aus mindestens einem, häufig mehreren verwertbaren Argumenten, nur die wenigsten beschränken sich in ihren Angaben auf einen stichwortartigen Stil. Vereinzelte Antworten (2) enthielten keinerlei Begründungen und flossen lediglich in die Ergebnisse aus Abbildung 5.2 ein.

Aus dem gesamten Datenkorpus (siehe Anhang im elektronischen Zusatz-material) an Antworten formten sich nach mehrfacher Durchsicht und Analyse übereinstimmende Attribute heraus, die in den nachfolgend erläuterten Kategorien gebündelt wurden:

- **Ästhetik:** Darin sind alle Zuschreibungen enthalten, die die äußere Erscheinung betreffen und beispielsweise mit „schön" belegt wurden. Zur Kategorie der Ästhetik wurden aufgrund ihrer Bedeutungsgleichheit oder Bedeutungsnähe weiterhin zugeordnet: „schön(er)", „angenehmer", „hübsch(er)", „stilvoll", „optisch ansprechend", „retro", „swag", „moderner", „Design", „Optik", „Ästhetik", „weniger technisch" (analog).

- **Einfachheit:** In dieser Kategorie befinden sich Umschreibungen, die auf den (geringen) Schwierigkeitsgrad als Argument für das bevorzugte Format schließen lassen. Dazu gehören folgende Begriffe: „besser" (+Kontext), „leichter", „leichter lesbar", „simpler", „mit 1 Blick", „unkompliziert", „keine Rechnung nötig" (sinngemäß).

- **Gewohnheit:** Zur Gewohnheit wurden Beschreibungen gezählt, die eine biographische Vertrautheit oder Routine – zumeist mit dem analogen Format – erkennen lassen: „damit aufgewachsen", „gewohnt", „Angewohnheit", „lange [Zeit] präsenter im Leben".

- **Praktikabilität:** Unter Praktikabilität sind Attributionen zu finden, die subjektiv als „praktischer" sowohl im Sinne des körperlichen Aufwands als auch bezüglich der kognitiven Leistung empfunden werden. Getreu dem pragmatisch-ökonomischen Prinzip der Natur, die auch stets den Weg des geringsten Widerstands geht. Vereinzelt kann damit aber auch ein finales Gesamturteil als entscheidendes Kriterium für das jeweilige Format gemeint sein: „praktisch", „weniger Aufwand", „was *ich* [Hervorhebung des Verfassers] praktisch finde", „trage sie am Handgelenk", „Handy nicht griffbereit, [daher...]".

- **Präzision:** Diese Kategorie umfasst Zuschreibungen, die die subjektiv empfundene „Genauigkeit" des jeweiligen Uhrzeitformates betreffen. Damit mag freilich nicht die Messgenauigkeit des technischen Antriebs, sondern die visuelle Aufbereitung gemeint sein. Häufig wird dabei die Minutenangabe als Kriterium genannt. Im Abschnitt zur Interpretation der Ergebnisse wird noch eindringlicher erörtert werden, ob es sich bei diesem Genauigkeitsanspruch nicht auch um eine auf Schnelligkeit ausgerichtete Ablesung der Uhrzeit handelt. Schlagwörter: „genau(er)", „eindeutig", „immer/sehr genau", „Minutenangabe".

- **Schnelligkeit:** In dieser Kategorie befinden sich Attribute, die unmittelbar, aber auch indirekt auf die Erfassungsgeschwindigkeit der Uhrzeit schließen lassen. Denn manche Schlagwörter (z. B. „auf ersten Blick", „ein Blick", „mit einem Blick") befinden sich von ihrer urtümlichen Bedeutung her in einer Grauzone zwischen den Kategorien „Schnelligkeit" und „Einfachheit", können unter Berücksichtigung des ursprünglichen Zusammenhangs aber eindeutiger *einer* der beiden Kategorien zugewiesen werden: „schneller", „direkt", „flotter", „auf ersten Blick", „sofort", „ein Blick", „mit einem Blick".

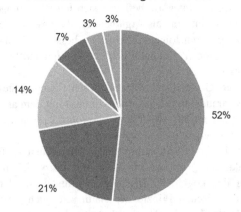

Attributionen analoger Formate

3% 3%

7%

14%

52%

21%

▪ Ästhetik ▪ Praktikabilität ▪ Gewohnheit ▪ Sonstiges ▪ Einfachheit ▪ Schnelligkeit

Abbildung 5.3 Relative Häufigkeiten genannter Argumente analoger Befürworter

In beiden Kreisdiagrammen aus Abbildung 5.3 und Abbildung 5.4 sind in abnehmender Reihenfolge die relativen Häufigkeiten der genannten Zuschreibungen – wie könnte es anders sein – im Uhrzeigersinn aufgetragen. Legen wir beide Kreisdiagramme gedanklich übereinander, erkennen wir zumindest für die drei Hauptkategorien eine ähnliche prozentuale Verteilung. Die beiden hervorstechendsten Eigenschaften sind für analoge Formate „Ästhetik" und für digitale „Schnelligkeit", die jeweils rund die Hälfte aller dokumentierten Argumente in ihren Formaten für sich beanspruchen.

Attributionen zum digitalen Format

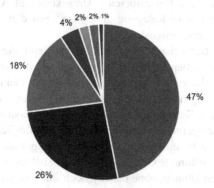

■ Schnelligkeit ■ Präzision ■ Einfachheit ■ Praktikabilität ■ Ästhetik ■ Sonstiges ■ Gewohnheit

Abbildung 5.4 Relative Häufigkeiten aller genannter Zuschreibungen pro digitalem Uhrzeitformat

Darüber hinaus fanden mit den Kategorien „Praktikabilität" und „Gewohnheit" die zweit- und drittmeisten Stimmen Erwähnung bei der Analoguhr. Ein gänzlich unterschiedliches Bild zeigt sich hinter der Hauptkategorie beim digitalen Format: nach „Schnelligkeit" belegen die Attribute „Präzision" und „Einfachheit" die nächsten Plätze. Die Top-3-Kategorien des analogen Pendants wurden auch für das digitale Format genannt, liegen aber allesamt jeweils unterhalb von 5 %.

5.5.3   Interpretative Einordnung der Ergebnisse zu Frage #2

Die oben bereits erwähnte Übereinstimmung der Ergebnisse aus Frage #1 („Welche Uhr haben Sie verwendet?") und jener von Frage #2 (vgl. Abbildung 5.2) kann als individuelles Bekenntnis zum jeweilig bevorzugten Uhrzeitformat verstanden werden (Frage #1: insgesamt 70 %, die die Uhrzeit digital ablesen. Frage #2: 68 %, die sich für das digitale Format aussprechen). Die erste Frage sollte die spontane Handlung hervorrufen auf die Uhr zu schauen, während in der zweiten Frage bewusst und reflektiert darüber nachgedacht und schlussendlich das persönlich favorisierte Format argumentativ untermauert werden sollte.

Im Hinblick auf die Zuschreibungen unterschiedlichster Eigenschaften bei beiden Formaten zeigt sich ein inverses Bild. Kategorien, die im analogen

Format noch eine hohe Wertschätzung erfahren, rangieren bei der Digitaluhr im niedrigen, einstelligen Prozentbereich. Umgekehrt gilt Ähnliches, wobei die am zweitmeisten genannte Kategorie „Präzision" pro digitale Formate bei der Analoguhr gar nicht erst vorhanden ist.

So spielt „**Ästhetik**" beispielsweise für die Analoguhr die mit Abstand bedeutendste Rolle, bei digitalen Formaten kommt das ästhetische Kriterium dagegen kaum zur Geltung (52 zu 2 %). Als Erklärungsansatz kann hierfür die nahezu grenzenlose Gestaltungsmöglichkeit analoger Zifferblätter herangezogen werden. Aufgrund des hohen Subjektivitätsgrades bezüglich modischer oder optischer Vorzüge bietet die Zeigeruhren in all ihrer Vielfalt die Möglichkeit seinen persönlichen Geschmack in Form der Uhr abzubilden. Die gestalterische Freiheit geht sogar so weit, dass bestimmte Grundbausteine der Analoguhr wahlweise komplett weggelassen werden können, ohne dabei jedoch ihren ursprünglichen Zweck zu verlieren. So kommen geübte „Analogisten" etwa ohne durchgängige Beschriftung des Zifferblattes aus, andere Varianten weisen überhaupt keine Ziffern am Blattrand auf. Analoguhren existieren darüber hinaus auch in unterschiedlichen Ausführungen hinsichtlich ihrer Anzahl an Zeigern. Die gängigste Form mag jene mit Minuten- und Stundenzeiger sein, wie sie zum Beispiel auch in der Schule gelehrt wird. Doch je nach Genauigkeitsanspruch gibt es Variationen mit lediglich einem (nur Stunden, alte Kirchtürme) oder drei (inkl. Sekundenzeiger) Hauptzeigern.

Das Anzeigendesign der Digitaluhr hingegen ist in seiner Gestaltungsfreiheit begrenzt. Es wäre schlichtweg unbrauchbar, sollte man zum Beispiel das Stunden- oder Minutendigit aus optischen Gründen weglassen wollen. Die einflussreichste Variable auf die äußerliche Erscheinung des digitalen Formates ist die Schrift- bzw. Ziffernart und deren Formatierung, die zumeist auf elektronischem Wege realisiert und angezeigt wird.[2] Die unaufhebbare Trennung von bildschirmbasierten Uhrzeitanzeigen und analog-gegenständlichem Material, das für menschliche Sinne nachvollziehbar schwingt, rotiert und sich fortbewegt, stellt wohl den fundamentalsten Unterschied dar.[3]

---

[2] Ein nicht-bildschirmbasiertes Beispiel sind die Fallblattanzeigen, wie sie etwa an Flughäfen oder Bahnhöfen Verwendung finden.

[3] Interessant wäre an dieser Stelle eine Befragung zu analogen Uhrzeitdarstellungen als Gegenstand *und* bildschirmbasiert. Wenn sich auch dort (z. B. hinsichtlich der Ästhetik) das Gegenständliche durchsetzte, würde man den Unterschied zwischen analogen und digitalen Formaten besser verstehen. Anhaltspunkte gibt es aber, die in diese Richtung deuten, beispielsweise bei der Bewertung von Autofahrer*innen zur Präferenz von analogen oder digitalen Tachometern (vgl. Foerster (2018).

Für digitale Uhrzeitformate wird das Attribut **„Schnelligkeit"** am häufigsten ins Feld geführt. Wenngleich die Kategorie „Einfachheit" mit klarem Schwerpunkt auf den Anspruchsgrad eine davon zurecht abgespaltene Gruppierung darstellt, so erwächst aus den moderaten Anforderungen zur Ablesung der Digitaluhr gewiss zusätzlich eine schnellere Abfolge des Ableseprozesses. Demzufolge wäre bei einer aufweichenden Zusammenführung beider Kategorien der an (dann auch indirekter) Schnelligkeit orientierte Befürwortungsanteil noch dominanter.

Oftmals kam der Kategorie „Schnelligkeit" eine komparative Zuschreibung zugute, die sich von der subjektiv empfundenen, weniger schnellen Zeiterfassung via Zeigeruhr positiv abhebt („schneller", „flotter" usw.). Die oben bereits geschilderte, empirisch fundierte Schnelligkeit digitaler gegenüber analoger Formate (vgl. Abbildung 4.3) erhält damit weitere Belege. Im Umkehrschluss bedeutet dies, dass die hier erhobenen, in Kategorien zusammengeführten subjektiven Empfindungen durch die Studienergebnisse auf diesem Gebiet übereinstimmende Bestätigung erfahren.

Von dezidierter Bedeutung zur vernunftgeleiteten, kritischen Einordnung ist jedoch, dass es sich dabei offenbar um eine *tückische* Schnelligkeit handelt. An dieser Stelle soll in Erinnerung gerufen werden, dass voneinander unabhängige Forscher*innenteams einvernehmlich zu Erkenntnissen gelangten, wonach das Ablesen und die Wiedergabe der Uhrzeit in digitaler Form signifikant schneller geschieht als mit analogen Formaten (vgl. Abbildung 4.3). Die erfasste (Höchst-) Geschwindigkeit der digitalen Zeitablesung trügt insofern, da die Identifizierung der Ziffernfolge schnell vonstattengehen mag, die Einbettung in ein bedeutungtragendes, kognitives Gefüge aber nicht automatisch erfolgt, wie es der Unterschied zwischen relativen und absoluten Uhrzeitangaben veranschaulicht (Korvorst et al. 2007). Daraus ist auch die Tendenz abzuleiten, dass digitale Uhrzeitformate aus ihrer ursprünglichen Erscheinung heraus eher die absolute und damit konzeptlose Uhrzeiterfassung unterstützt, als den „umständlichen" Weg über das zugrunde liegende Basiskonzept der Analoguhr zu gehen (vgl. Abbildung 4.2).

Die Dominanz des Attributs „Schnelligkeit" kann aber auch als Ausdruck der Beschleunigung des gesellschaftlichen (Zusammen-) Lebens verstanden werden. Gewiss, es handelt sich dabei um keine neue Erkenntnis, der Eindruck einer beschleunigten Zivilisation existiert schon Jahrzehnte, wenn nicht Jahrhunderte. Dennoch verleiht die Deutlichkeit an Anhäufungen schnelligkeitsorientierter Präferenzen dem Eindruck Tiefe, die Alltagsgeduld sei inzwischen in Zeitsphären vorgedrungen, die nicht in Minuten oder Stunden, sondern in Sekunden bemessen wird.

Als Beispiel für die angedeutete Ungeduld im Alltag sind die im Jahr 2014 eingeführten blauen Häkchen des Kommunikationsdienstes WhatsApp gut geeignet. Sie signalisieren den Sender*innen, dass die Nachricht erfolgreich übermittelt und von den Empfänger*innen gelesen wurde. Vorausgesetzt, wir haben es in diesem Beispiel mit kindlich-jugendlichen Nutzer*innen zu tun, deren Geduld nicht stark ausgeprägt ist, kann das minuten- oder stundenlange Ausbleiben einer Antwort schon mal zur Geduldsprobe werden. Ein weiteres Beispiel stellt folgender Ausspruch dar: „Jede Minute zählt.". Hierbei handelt es sich nicht um ein Zitat aus einer Filmszene, in der eine Bombe entschärft werden soll, sondern um eine Äußerung eines Studierenden, der sich im Rahmen der Befragung für das schnelle, präzise, digitale Uhrzeitformat ausspricht.

Eine weitere erwähnenswerte Eigenschaft stellt die Genauigkeit der Uhrzeitanzeige dar. Die in der Kategorie **„Präzision"** gesammelten Zuschreibungen beruhen schwerpunktartig auf der Wertschätzung der minutengenauen Angabe digitaler Formate. Die digitale Exklusivität dieser Kategorie liegt in der bereits angesprochenen Diversität analoger Uhren bezüglich der Anzahl ihrer Zeiger und dem Vorhandensein von Stunden- und/oder Minutenskalen begründet. Während Sekundzeiger oder Minutenskalen für Analoguhren durchaus häufiger optionalen Charakter aufweisen – auch wenn sie damit die potentielle Genauigkeit ihrer Anzeige erhöhen würden –, ist die Minutenangabe für digitale Formate nahezu grundlegend. Indirekt ist dieser Umstand in letzter Konsequenz ebenfalls der Schnelligkeit dienlich, da die exakte Minutenermittlung mit Analoguhren nicht nur länger dauert, sondern auch zum Beispiel mit parallaktischen Ablesefehlern behaftet ist (vgl. dazu die bereits aufgearbeiteten grundsätzlichen Unterschiede analoger und digitaler Anzeigeformate; Tabelle 3.2).

Somit handelt es sich bei „Präzision" offenbar um ein Attribut, das generell mit digitalen Anzeigeformaten assoziiert wird. Die überschaubare Gestaltungsfreiheit in der Formatierung der Ziffernanzeige trägt aufgrund ihrer digitalen „Barrierefreiheit" zur pauschalen Lesbarkeit bei.

5.6 Frage #3: „Beurteilen Sie die folgenden Aussagen!" – Subjektive Bewertung ausgewählter Hypothesen zum Thema „Zeit" in der Grundschule

5.6.1 Beschreibung der Ergebnisse zu Frage #3

Im letzten Befragungsblock wurden die Studierenden gebeten insgesamt sieben Hypothesen mit Hilfe einer fünfstufigen Skala vom Likert-Typ zu bewerten. Die Spanne möglicher Antworten reichte dabei von „1" (starke Ablehnung) bis „5" (starke Zustimmung), woraus sich für den Antwortwert „3" eine neutrale Position zum jeweiligen Item ergibt.

Ziel dieses abschließenden Teils der Befragung war es unter anderem, die subjektiven Überzeugungen angehender Grundschullehrkräfte zu ausgewählten Themen abzubilden, woraus sich im besten Falle Handlungswahrscheinlichkeiten für die eigene Unterrichtspraxis ableiten lassen. Die Aussagekraft der Ergebnisse sollte darüber hinaus durch die persönliche Freiwilligkeit zusätzlich gesteigert werden. Demzufolge gab es bei jeder These die Möglichkeit, diese zu überspringen und mit der nächsten fortzufahren. Aus diesem optionalen Befragungssetting heraus soll sich ein authentischeres Meinungsbild ergeben.

Die ausgewählten Hypothesen entstammen unterschiedlicher Gebiete rund um das Thema „Zeit", ohne aber generell den Bezug zum Grundschulunterricht zu vernachlässigen. Darüber hinaus unterscheiden sie sich teilweise stark hinsichtlich ihrer empirisch fundierten Substanz. Im Folgenden sollen die herangezogenen Thesen so prägnant wie möglich, aber so ausführlich wie nötig erläutert werden:

1. *Die analoge Uhr lässt sich schneller ablesen als die digitale.*
   Die Ergebnisse der im Vorfeld bereits besprochenen Studien weisen übereinstimmend deutlich darauf hin, dass die Digitaluhr im Vergleich zur analogen Zeigeruhr wesentlich schneller abgelesen wird (vgl. Abbildung 4.3). Die Hypothese zielt darauf ab, die spontan-intuitiven Einschätzungen der Studierenden zu erfassen und diese mit dem aktuellen Stand der Forschung und ihren eigenen Angaben aus Frage 2 zu vergleichen.
2. *Mit Analoguhren lassen sich Zeitspannen besser schätzen als mit Digitaluhren.*
   Diese empirisch nicht direkt erwiesene Hypothese soll das vielfältige Potential der Analoguhr zumindest andeuten und das Ausmaß an Zustimmung der Studierenden erfragen. Durch die in vorangegangen und späteren Passagen beschriebenen Lösungsstrategien im Umgang mit Zeitintervallen, erhält die These ihre Legitimation, wenngleich in entsprechenden Studien nicht die

Fähigkeit des Schätzens von Zeitspannen, sondern lediglich deren Berechnung untersucht wurde. Dennoch kann sich aus der Unterschiedlichkeit der Abstraktionsgrade beider Uhrzeitformate eine solche These herausformen.

3. **Leistungen in Mathematik korrelieren mit der Uhrlesefähigkeit.**
   Diese empirisch gut untersuchte Korrelation sollte auf den „Prüfstand" gestellt und mit der Ad-Hoc-Einschätzung der Studierenden verglichen werden. Freilich können bei Studierenden aus dem dritten Semester keine Kenntnisse aus entfernter Forschungsliteratur vorausgesetzt werden; dennoch soll hiermit auch der mögliche Kontrast zwischen belegten Fakten und persönlicher Meinung dargestellt werden.

4. **Ein gesundes Zeitbewusstsein erhöht die Lebensqualität.**
   Der in dieser These genutzte Begriff „Zeitbewusstsein" lässt bewusst Raum für subjektive Bedeutungsinterpretationen. Es sollte lediglich erhoben werden, ob Studierende der Meinung seien, dass ein positiv ausgeprägtes, reflektiertes Verhältnis zum Thema „Zeit" die generelle Lebensqualität erhöhen könne.

5. **Es ist wichtig, dass Kinder den eigenen Umgang mit der Zeit frühzeitig reflektieren.**
   Als Fortsetzung von These (4) richtet sich diese Aussage nun nicht an einen nicht weiter eingegrenzten, pauschalen Gültigkeitsbereich, sondern gezielt an den Stellenwert des reflektierten Umgangs mit der Zeit für Kinder. Bei möglicher Zustimmung dieser These durch die Befragten wird bei Kindern im gleichen Zuge zudem die generelle Fähigkeit der Reflexion vorausgesetzt.

6. **Das Phänomen „Zeit" sollte in (Grund-) Schulen stärker behandelt werden.**
   Hiermit sollte die grundsätzliche Haltung zum (Schul-) Thema „Zeit" und dessen Berechtigung als Bestandteil des Lehrplans erfasst werden.

7. **Wenn das Kind Verständnisprobleme bei der Analoguhr hat, soll es nur die Digitaluhr lernen.**
   Die ursprüngliche Intention hinter dieser Hypothese war es, die Tendenz zum „einfacheren" digitalen Format herauszubilden, sollte es beim Lernen der Analoguhr zu Problemen kommen. Die provokante Formulierung stellt den Alternativcharakter der Digitaluhr bei Verständniswidrigkeiten zu stark in den Vordergrund, als hier eine unvoreingenommene Einschätzung zu erwarten wäre. Auch die soziale Erwünschtheit beeinflusst die Beantwortung hier zu deutlich (vgl. Abbildung 5.5).

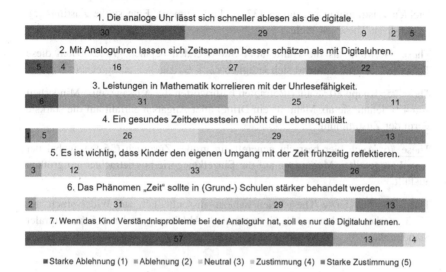

Abbildung 5.5 Ergebnisse der Befragung zu sieben Hypothesen mit aufgeschlüsselter Verteilung der Antwortwerte in absoluten Zahlen auf einer fünfstufigen Skala im Likert-Stil

In Abbildung 5.5 sind die Ergebnisse der Meinungsbefragung dargestellt. Unterhalb jeder der sieben Thesen ist das entsprechende Ergebnis als farblich abgesetztes Balkengefüge dargestellt. Die äußerst linken Balken spiegeln die stärkste Ablehnung wider, die ganz rechts platzierten symbolisieren demensprechend die stärkste Zustimmung. Bei gemischten Ergebnissen befinden sich in der Mitte die neutralen Balken. Innerhalb eines jeden Balkens ist die Anzahl an absoluten Stimmen aufgeführt.

These #1: Die Behauptung, analoge Uhren ließen sich schneller ablesen als digitale, negiert eine große Mehrheit der Antwortenden (ca. 79 %) in Übereinstimmung mit oben bereits behandelter Empirie, der Rest teilt sich nahezu gleichmäßig in neutrale und leicht zustimmende Positionen.

These #2: Bei dieser These entsteht das differenzierteste Antwortbild, wobei die zustimmende Fraktion (Antwortmöglichkeiten 4 und 5) rund zwei Drittel aller abgegebenen Stimmen ausmachen.

These #3: Dieser empirischen Gewissheit widerspricht der Großteil aller Teilnehmenden, lässt man die neutrale Bewertung außer Acht und stellt sie nur der leichten Zustimmung gegenüber (37 zu 11 Stimmen). Eine starke Zustimmung erfuhr diese These gar nicht.

These #4: Mehr als die Hälfte aller Studierenden bejahen grundsätzlich diese These (ca. 57 %), während sich lediglich ca. 8 % dagegen aussprechen.

These #5: Knapp 80 % aller Befragten befürworten die Aussage, eine Minderheit von 4 % lehnte sie ab. Mehr als ein Drittel aller Angaben entfällt auf die stärkste Form der Zustimmung.

These #6: Auch hier herrscht generell ein großer Zuspruch (56 %), wobei der Anteil an geteilten Meinungen auf die Einzelkategorie hin betrachtet am größten ausfällt.

These #7: Die letzte These stieß nahezu ausschließlich auf Widerspruch mit 77 % starker Ablehnung, 18 % „normaler" Ablehnung und nur 5 % neutraler Standpunkte.

5.6.2 Interpretative Einordnung der Ergebnisse zu Frage #3

Die Beteiligung über alle Thesen hinweg beträgt durchschnittlich circa 87 %, was einer gemittelten Anzahl von nur rund 11 von 85 Studierenden entspricht, die die jeweilige Aussage im Schnitt übersprungen haben. Angesichts der freiwilligen Option zur Stellungnahme zu jeder These spricht diese rege Teilnahme für die individuelle Bedeutsamkeit der ausgewählten Themen für Studierende des Grundschullehramtes mit dem Schwerpunkt „Sachunterricht".

Am erstaunlichsten fallen die Ergebnisse zu **These #3** aus. Nicht nur, dass kein einziger der dort 73 partizipierenden Studierenden dieser empirischen Gewissheit stark zustimmt, widersprechen ihr gar in Addition knapp mehr als die Hälfte aller Befragten (51 %). Die in der These als „Uhrlesefähigkeit" zusammengefassten Kompetenzen konnten dort inhaltlich freilich nicht entfaltet werden, genauso wenig wurde ein bestimmtes Uhrzeitformat benannt; und dennoch ist es bemerkenswert, mit welcher Vehemenz die „These" teilweise entschieden abgelehnt wird, da der neutrale Anteil insgesamt lediglich ein Drittel ausmacht (34 %).

Angesichts dieser Ergebnisse liegt die Vermutung nahe, dass die erforderlichen mathematischen Kompetenzen im Umgang mit der Uhr unterschätzt oder wenig bis gar nicht (korrekt) wahrgenommen werden. „Uhrlesefähigkeit" wird womöglich nur mit dem reinen Ablesen der Uhr assoziiert, wobei für Heranwachsende komplexere Rechenprobleme höchstens beim relativen Ablesen auf der Analoguhr zum Tragen kommen. An dieser Stelle sei auf Abschnitt 6.2 verwiesen, der sich den grundsätzlichen Heraus- und Anforderungen zur reinen Ablesung der Zeigeruhr und den weitreichenden Konsequenzen in den subjektiven Alltag hinein widmet. Dann wird auch erörtert werden, dass es im Grunde genommen so gut wie keine reine Ablesung der Uhr gibt, an die sich nicht noch eine mathematische Überlegung anschließt.

Die Antworten zu **These #2** fallen am differenziertesten aus, da die „Opposition" in Gegenüberstellung zustimmender und ablehnender Einschätzungen hier am größten ist. Die überwiegende Mehrheit ($\approx$ 66 %) kann sich gut bis sehr gut vorstellen, dass sich Zeitspannen – ob zurückliegende oder bevorstehende wurde nicht näher benannt – besser mit Analog- als mit Digitaluhren schätzen lassen. Mit anderen, etwas verallgemeinernden Worten: Zwei Drittel aller Antwortenden bescheinigen der Analoguhr eine geeignetere Tauglichkeit im Umgang mit Zeitspannen als dem digitalen Format (vgl. 6.2). Es bleibt jedoch vorerst bemerkenswert, welch große Mehrheit der Analoguhr ein größeres, nützliches Gebrauchspotential zuschreibt, während rund 70 % in den ersten beiden Frageblöcken angaben, die digitale Uhr zu nutzen und zu bevorzugen. Dies führt unweigerlich zur Frage, aus welchen Gründen die digitale Uhr der analogen dennoch vorgezogen wird. Die Ergebnisse aus Frageblock #2 legen nahe, dass eine leichte, präzise und vor allem schnelle Ablesung der Uhrzeit besonders wertgeschätzt und digital realisiert wird (vgl. Abbildung 5.4). Die Anerkennung der besseren Verwendungsmöglichkeit für den Umgang mit Zeitspannen scheint an der persönlichen Einstellung hinsichtlich des eigenen Uhrzeitformats nichts zu ändern.

Anders als noch bei These #3 zu beobachten war, geht bei **These #1** die große Mehrheit konform mit der im Vergleich der Formate empirisch bestens belegten, schnelleren Ablesung der Digitaluhr. Circa 79 % lehnen die bewusst „falsch" formulierte These ab, die Hälfte davon sogar in stärkster Ausprägung. Die ablehnenden Antworttendenzen decken sich zudem mit den subjektiven Attributionen der Teilnehmer zur Digitaluhr aus Frageblock #2, wo ebenjene Eigenschaft („Schnelligkeit") besonders herausstach.

These #7 komplettiert den formatbezogenen Block, der zudem aus den Thesen #1 und #2 besteht. Mit 77 % starker Ablehnung grenzt das Ergebnisbild am qualitätsmangelnden Floor-Effekt, der die Aussagekraft des Ergebnisses infrage stellt. Wie bereits bei der Beschreibung zu These #7 im Vorfeld angeklungen ist (vgl. S. 78), verfehlt die zu provokante Formulierung ihr Ziel, anhand authentischer Aussagen eine Tendenz darzustellen, wonach in der tagtäglichen Schulpraxis womöglich ein leichterer, aber dennoch zielführender Weg eingeschlagen wird, sollten sich veritable Verständnishürden auftun. Auch das Wort „nur" suggeriert eine abwertende Bedeutungsreduktion und beeinflusst das gewünschte

Maß an Neutralität. Darüber hinaus greift die soziale und (bildungs-) politische Erwünschtheit massiv in die unbefangene Beantwortung ein. Bei aller Vergegenwärtigung der angesprochenen Defizite der These und ihrer mangelhaften Formulierung soll dennoch erwähnt werden, dass trotz der zuvor erfassten subjektiven Digitaldominanz dem analogen Format – wenn auch indirekt über die starke Ablehnung – eine annähernd maximale Berechtigung im Unterricht attestiert wird ($\approx$ 95 % Ablehnung).

Die **Thesen #4, #5 und #6** lassen sich unter dem Sammelbegriff „Curriculare Bedeutsamkeit" zusammenfassen. These #4 betont die positive Allgemeingültigkeit einer ausgeprägten Zeithygiene, These #5 die Bedeutung früher, reflektierter Erfahrung zum Thema „Zeit" (in der Schule) und These #6 die generelle Forderung seines Einzugs in den Lehrplan. Allen Aussagen stehen die Befragten befürwortend gegenüber (56 %, 80 %, 56 %), was der Verfasser der vorliegenden Arbeit mit ihrer thematischen Ausrichtung wohlwollend zur Kenntnis nimmt.

Zu **These #4** muss in der Rückschau nun noch kritisch angemerkt werden, dass auch hier in der Formulierung hinsichtlich der beabsichtigten Neutralität mutmaßlich zu viel Einfluss genommen wurde. Das Wort „gesund" unterstützt – vor allem in Kombination mit nach Bereicherung anmutenden Begriffen wie „erhöhen" und „-qualität" – aufgrund seiner durchweg positiv belegten Bedeutung freilich eine zustimmende Tendenz. Betrachtet man das Gesamtergebnis dieser These mit erwähnter Suggestivwirkung, erscheint die achtprozentige Ablehnung jedoch umso überraschender.

5.7 Einordnung aller Ergebnisse der Anwärter*innenbefragung

Zusammenfassend lässt sich zunächst konstatieren, dass die Hypothese der digitalen Vorherrschaft bei den Uhrzeitformaten im Rahmen der Befragung gut abgebildet werden konnte. Die Kongruenz der Ergebnisse zu den tatsächlich genutzten und subjektiv präferierten Formaten aus den **Frageblöcken #1** und **#2** betont zudem die fragenübergreifende Konsistenz der Erhebung. Bei der Auswertung der Attributionen zeigte sich darüber hinaus eine Vielfalt an Kategorien, die auf Grundlage der Freitextantworten gebildet werden konnten. Im abschließenden Teil konnten dann noch interessante Einblicke in persönliche Überzeugungen gewonnen werden, die unter anderem empirischen Befunden und literaturgestützten Hypothesen gegenübergestellt wurden.

Aus der Befragung ergeben sich somit folgende Erkenntnisse:

- **Die Befragten *identifizieren* sich mit dem von ihnen genutzten Uhrzeitformat.**

Diese Erkenntnis ist aus den Ergebnissen der zuvor genutzten und später angegebenen Uhrzeitformate abgeleitet. Hieraus wird der Grad an subjektiver Bedeutsamkeit ersichtlich und lässt zumindest die Vermutung aufkommen, dass die Wahrscheinlichkeit eines Formatwechsels – z. B. vom Digitalen zum Analogen – als Erwachsener nicht sehr groß zu sein scheint. Die genannten Attribute zur „Gewohnheit" stützen diese Vermutung.

- **Die Attribute beider Formate stehen sich nahezu diametral gegenüber.**

In den führenden Kategorien beider Formate, welche Eigenschaften beim subjektiv präferierten Uhrzeitformat besonders geschätzt werden, ergab sich eine stark gegensätzliche Häufigkeitsverteilung. Dies spricht für eine unauflösliche Unvereinbarkeit beider Uhrzeitformate und lässt aufgrund ihrer Unterschiedlichkeit kaum „Kompromisse" zwischen ihnen zu, die beispielsweise eine erdenkliche Mischform nahezu ausschließt.

- **Empirische Befunde sind nicht im Bewusstsein der zukünftigen Lehrkräfte angekommen, die die Thematik vermitteln werden (z. B. Mathe-Uhr-Korrelation).**

Aus diversen Ergebnissen des dritten Frageblocks zu persönlichen Überzeugungen der Sachunterrichtsstudierenden kristallisierten sich unter empirischen Gesichtspunkten Dissonanzen heraus. Gewiss, die befragten Studierenden stehen nicht unmittelbar vor ihrem Eintritt in die womöglich fachdidaktisch-literaturferne Berufspraxis und verfügen demnach noch nicht über ihr individuelles Höchstmaß an fachlich relevantem Wissen. Dennoch muss kritisch gefragt werden, wem die Verantwortung zukommt, derartig bedeutsames Fundamentalwissen angehenden Grundschullehrkräften zu vermitteln. Konkret sei damit zum Beispiel der Zusammenhang von schulischen Leistungen im Fach Mathematik und der Umgang mit der Uhr jeden Formates erwähnt; an dieser Stelle sei erwähnt, dass die Problematik hier thematisch nicht weiter vertieft werden kann und demzufolge an entsprechende Literatur verwiesen. Es sei hier jedoch deutlich auf Schüler*innen mit diagnostizierten Rechenschwächen und deren Konsequenzen auf die zeitliche Orientierung hingewiesen.[4] Die vorliegende Arbeit möchte unter anderem auch dazu einen Beitrag leisten, um im besten Fall Anregungen für Studienverlaufspläne des Grundschullehramtes bereitzustellen und in letzter Konsequenz für ebensolche Themen zu sensibilisieren.

- **Die methodisch und operational vielfältigen Einsatzmöglichkeiten der Analoguhr werden wahrgenommen, aber deren didaktisches Potential offenbar nicht erkannt.**

Aus den Ergebnissen zu **These #2** des letzten Frageblocks wird deutlich, dass der Analoguhr über den Basiszweck der reinen Zeitablesung hinaus eine weitreichendere Gebrauchseignung als der Digitaluhr zugesprochen wird. Nichtsdestotrotz scheint dieses Potential kaum Einfluss auf das persönlich präferierte Format zu haben, vergegenwärtigen wir uns die große Mehrheit der digitalen Befürworter aus den ersten Frageblöcken. Offenkundig ist demzufolge noch nicht ins Bewusstsein gerückt (worden), wie wichtig und wertvoll die Fähigkeit und die von der Analoguhr geleistete visuelle Unterstützung zum Umgang mit Zeitspannen sein kann (vgl. Abschnitt 6.2). Dabei muss freilich betont werden, dass die persönliche Präferenz im eigenen Alltag unter professionellen Gesichtspunkten keinen Einfluss auf die Wahl eines adressatengeeigneten und anfängergerechten Formates für unterrichtliche Zwecke haben sollte. Ein gewisses Maß an Subjektivität lässt sich im pädagogischen Arbeitsfeld jedoch nicht verhindern.

- **Dem Thema „Zeit" wird ein sinnstiftender, bereichernder Charakter bescheinigt.**

Die Thesen, die dem begrifflich vagen Thema „Zeit" gewidmet waren, stießen auf überwiegend großen Zuspruch. Ausgehend von der unbestritten hohen subjektiven Bedeutung des Umgangs mit der zur Verfügung stehenden Zeit, werden an diesen Ergebnissen einerseits der persönliche (These #4) und der – dem Lebens- und Berufsethos idealerweise entsprechende – verantwortungsvolle Aspekt (Thesen #5 und #6) des Themenkomplexes „Zeit" deutlich.

Am Uhrzeitformat werden (in absoluter Betrachtung) hauptsächlich Schnelligkeit, Präzision und Einfachheit geschätzt. Getreu dem fortschrittsgetriebenen

---

[4] Nur exemplarisch für den deutschsprachigen Raum seien auf Lambert (2015, S. 116) und Rochmann (2008, S. 5) verwiesen, die sich mit den Schwierigkeiten von lern- und rechenschwachen Schüler*innen beim Erlernen der analogen Uhr befassen.

Ur-Gedanken: höher, schneller, weiter. Eine derartige, sich an Effizienz und Pragmatismus orientierende Denkweise ist in vielen Bereichen erwünscht, darf und sollte aber gesunde Grenzen im pädagogischen Arbeitsfeld nicht überschreiten.

Die Quintessenz der Gesamtbefragung für die vorliegende Arbeit kann also lauten: Der gehaltvollere Charakter der Zeigeruhr wird nicht bewusst, aber zumindest peripher und intuitiv wahrgenommen. Die daraus hervorgehende Notwendigkeit, die Vielfalt an Verwendungsmöglichkeiten der Analoguhr stärker hervorzuheben und in den didaktisch-pädagogischen Gesamtzusammenhang einzubetten, ist ein zentrales Anliegen der Arbeit und u. a. Gegenstand des nachfolgenden Kapitels.

Didaktische Charakteristika der Uhrzeit-Formate

Unter Berücksichtigung der bisher gewonnenen Erkenntnisse aus den oben vorgestellten Studien, den in der Befragung erfassten subjektiven Präferenzen und persönlich-fachlichen Überzeugungen sollen im Folgenden die beiden Uhrzeitformate anwendungsbezogen beleuchtet werden. Dabei stehen die didaktischen Heraus- und kognitiven Anforderungen unter grundschulrelevanten Gesichtspunkten stets im Vordergrund. Auf Basis der bereits geleisteten Forschungsliteraturarbeit soll darüber hinaus zu verschiedenen Szenarien eine fundierte, kreative Handlungsempfehlung möglichst praxisbezogen und alltagsnah ausgesprochen werden.

Dazu werden die klassischen Herangehensweisen an das Thema „Uhrzeit" (das zumeist im Mathematikunterricht verortet ist) und den Themenkomplex „Zeit" aus der Perspektive des Sachunterrichtes kursorisch beschrieben und Versäumnisse aufgezeigt, die dann im Sinne eines fachübergreifenden, sachbezogenen Ansatzes neu erdacht werden. Vornehmlich wird dabei ein Schwerpunkt auf die Besonderheiten der beiden Uhrzeitformate gelegt, an die sich didaktische Überlegungen anschließen werden.

6.1 Die Ablesung der Uhr – das Fundament subjektiver Zeitlichkeit

Eine genauere Betrachtung der Gebrauchsanweisung der Analoguhr erscheint aus der Perspektive eines womöglich seit Jahrzehnten praktizierenden Zeigeruhrnutzenden als Selbstverständlichkeit, weil er auf korrekt „eingefahrene", kognitive Automatismen zurückgreift, die bewusst gar nicht mehr wahrgenommen werden. Versetzen wir uns in die Rolle von Schüler*innen der 2. Klasse, die nun zum

P. Raack, *Zeit und das Potential ihrer Darstellungsformen*, MINTUS – Beiträge zur mathematisch-naturwissenschaftlichen Bildung, https://doi.org/10.1007/978-3-658-43355-0_6

ersten Mal mit der Zeit und ihrer Veranschaulichung in Berührung kommen, bewerten wir die Voraussetzungen für die sichere Beherrschung der Analoguhr gewiss anders.

Zu den elementarsten Anforderungen gehören etwa ein ausreichend weit erschlossener Zahlenraum als numerische und arithmetische Basis, die Kenntnis und Differenzierung unterschiedlicher Skalen auf dem Zifferblatt inklusive seiner verschiedenen Zeiger und das simultane und/oder serielle Erfassen der Stunden- und Minutenmarke, die abschließend in Relation zueinander kombiniert werden, um die korrekte Uhrzeit zu erhalten.[1] Der (mathematische) Komplexitätsgrad wird zum Beispiel daran deutlich, dass ein und dieselbe Ziffer – exemplarisch sei hier die „9" gewählt – bzw. deren Position auf dem Zifferblatt nicht bloß einem doppelten Skalenwert entspricht (also 9 als Stunden- und 45 als Minutenwert). Dem Artikulationsmodus entsprechend muss bei dieser Zeigerstellung darüber hinaus interpretiert werden, ob es sich zum Beispiel um 9 oder 21 Uhr handelt (Stundenwert) und ob eine relative oder absolute Zeitangabe erfolgen soll. Global betrachtet kommt vor allem in englischsprachigen Ländern das Erschwernis hinzu, dass die Vor- und Nachmittagsstunden nur durch den Zusatz a. m. (latein.: ante meridiem für vor Mittag) und p. m. (post meridiem, nach Mittag) unterschieden werden.

Bei relativen Angaben hängt es – im deutschsprachigen Raum – stark von der Region ab, wie die Minutenzeigerstellung auf der 9 (oder auch 3) sprachlich zum Ausdruck gebracht wird. Während 5:45 Uhr im Nordwesten als „Viertel vor 6" formuliert wird, gibt man im mittleren und südöstlichen Teil der Republik diese Uhrzeit zumeist mit „drei Viertel 6" wieder (vgl. Elspaß 2005). Noch größer wird die Verwirrung übrigens, wenn es sich um Uhrzeiten wie 10:15 Uhr handelt, da in der Artikulation Bezug zu unterschiedlichen Stundenwerten genommen wird: Nordwest: „Viertel nach *Zehn*", Südost: „Viertel *Elf*".

Abgesehen von der Artikulation und ihren regionalen Besonderheiten sind für die Ablesung der Digitaluhr keine vergleichbaren der oben beschriebenen Fertigkeiten vonnöten. Unter der Voraussetzung des verinnerlichten Zahlenraumes bis 60, erfordert die digitale Anzeige zur Ablesung ein in üblicher Schreib- und Leserichtung vonstattengehendes Abschreiten und Erfassen von ein- bis zweistelligen Zahlen. Die Stunden- und Minutenzeiger der Analoguhr entsprechen bei der Digitaluhr den Stellenwerten links und rechts des trennenden Doppelpunktes.

---

[1] Ob die Zeigererfassung gleichzeitig als Bildinterpretation oder nacheinander als präzise Zahleninformation geschieht, mag wohl individuell, aber auch situationsabhängig stark variieren. Und dennoch wird daran erneut der Unterschied analoger und digitaler Betrachtungen deutlich.

Kognitiv aktivierende Maßnahmen erübrigen sich, ebenso entfallen Interpretationsaufgaben, ob es sich beispielsweise um Vor- oder Nachmittagsstunden handelt. Bei einer absoluten Uhrzeitangabe („Fünf Uhr fünfundvierzig"), die dem digitalen Format exklusiv immanent ist, wird sogar noch ein gänzlich unmissverständlicher Artikulationsmodus bedient. Lediglich bei einer relativen Wiedergabe der Uhrzeit besteht der sprachliche Dissens, der aber ausschließlich unter Rückbezug auf das analoge Format entsteht (vgl. Abschnitt 4.2.3, S. 57).

6.2 Zeitintervalloperationen – eine Alltagsaufgabe aus didaktischer Perspektive

Wenn in früheren Abschnitten die Rede von der fast prägnanten Bezeichnung „Zeitintervalloperationen" war, ist den geneigten Leser*innen der tagtägliche Stellenwert solcher Rechenmaßnahmen mutmaßlich nicht vollumfänglich bewusst geworden. Dass wir hin und wieder die noch verbleibende Zeit – bis zu einem anstehenden Termin oder bis wir aufbrechen müssen – mehr oder weniger aktiv berechnen, mag ein vertrautes Szenario sein. Vielleicht möchten wir minutengenau berechnen und abschätzen, ob die verbleibende Zeit für eine andere beliebige Tätigkeit ausreicht oder wir möchten in etwa stundengenau wissen, wie lange es noch bis zum Feierabend dauern wird.

In den geschilderten Situationen steht die mehr oder minder exakte Berechnung einer Zeitspanne im Vordergrund. Dabei handelt es sich definitionsgemäß um eine *Zeitspanne*, die von zwei *Zeitpunkten* determiniert wird. Je nachdem, ob es sich gegenwartsbezogen um eine zeitlich rückblickende oder vorausschauende Bestimmung des Zeitintervalls handelt, entspricht die aktuelle Uhrzeit dem Anfangs- oder Endzeitpunkt. Dies gewinnt für unsere Betrachtung an exorbitanter Bedeutung, wenn wir uns vor Augen führen, dass im Grunde nahezu jede Ablesung der aktuellen Uhrzeit das Bestreben nach sich zieht, diesen Zeitpunkt mit einem anderen zu verknüpfen, um letztlich eine Zeitspanne zu ermitteln. In beruflichen, vor allem pflichtgemäßen Zusammenhängen mag die Bestimmung des Zeitpunktes eine weitaus bedeutendere Rolle einnehmen. Die vorliegende Arbeit zielt jedoch dezidiert auf die subjektive Bedeutsamkeit und die Sensibilisierung für ein reflektiertes Alltagserleben zeitlicher Angelegenheiten ab, wofür der Grundstein bereits in der Grundschule gelegt werden muss.

Die Art und Weise, wie die Zeitintervalloperation durchgeführt wird, variiert individuell sehr stark und hängt auch wesentlich vom gewählten Uhrzeitformat ab (vgl. Tabelle 4.3). Aus den oben besprochenen Studien gehen bereits Lösungsstrategien hervor, wenngleich betont werden muss, dass es sich um eine vergleichsweise einfache Zeitintervalloperation handelt, die dort eruiert wurde (Boulton-Lewis et al. 1997; Friedman & Laycock 1989). Die Hinzugabe von 30 Minuten, wie sie dort erhoben wurde, ist sicherlich eine lohnenswerte empirische Betrachtung und gewährt Einblicke in die Bewältigung der Aufgabe, kann die Gesamtanforderung im Umgang mit Zeitspannen jedoch nicht vollumfänglich widerspiegeln. Allein die empirische Herangehensweise verpflichtet aus sich heraus zu einer exakten, minutenpräzisen Genauigkeit im Rahmen der Erhebung, deren Bedeutung für den tagtäglichen subjektiven Umgang mit Zeit bezweifelt werden darf.

Mit der Zeigeruhr eröffnen sich mannigfaltige Zugänge, die bei der Bearbeitung von Zeitintervalloperationen zur Verfügung stehen. Schon aus den zuvor erwähnten Ergebnissen der Studie von FRIEDMAN & LAYCOCK geht hervor, dass im Umgang mit der Analoguhr *unterschiedliche* Strategien genutzt wurden, während im digitalen Format eine sehr dominante Additionslastigkeit eruiert wurde (vgl. 4.2.1). Das Fundament bildet dabei stets die Bildlichkeit des Zifferblattes mit seinen rotierenden Zeigern. Ausgehend von der aktuellen Zeigerstellung sind unterschiedliche Methoden möglich, die gewünschte Zeitspanne bzw. den zu bestimmenden Zeitpunkt zu ermitteln. Um „im Bild zu bleiben", ist das gedankliche Verschieben des Minutenzeigers um die betreffende Zeitspanne die naheliegende Lösung. Auch für anders gelagerte Szenarien, in denen die „Zielzeit" visualisiert wird und die Zeitspanne ermittelt werden soll, ist die gedachte Bewegung des Minutenzeigers eine wertvolle bildliche Unterstützung, da Zeit und vor allem ihr Verstreichen als Bogenlängenmaß verräumlicht wird (vgl. Kirschner & Reinhold 2012, S. 28). Als formateigene Besonderheit kommt der Analoguhr noch zugute, dass eine aktive Berechnung für die Ermittlung von Zeitspannen nicht zwingend erforderlich ist. Die Differenz zweier Zeitpunkte kann auch ermittelt werden, indem das Bild der aktuellen mit einer mental visualisierten Zeigerstellung überlagert und abgeglichen wird. Diese Veranschaulichung benötigt keinerlei Ziffern oder andere Skalenbeschriftungen, da auf zeitliche Erfahrungswerte im Umgang mit der kreisförmigen Anordnung und die verinnerlichte Zeigergeschwindigkeit zurückgegriffen wird. Die Verarbeitung dieser minimalistischen Bildinformationen scheint weniger Zeit in Anspruch zu nehmen, da keine kognitive Rechenleistung notwendig ist.

Wir können also sehen, dass mit der Handhabung der Analoguhr auch übergeordnete Kompetenzen vermittelt werden. Ähnlich, wie das Verfassen von Phantasiegeschichten schon in der Grundschule die Kreativität der Kinder wecken und fördern soll, verbergen sich hinter der reinen Beherrschung noch andere Fertigkeiten, die mit den Uhrzeitformaten verbunden werden können.

So sind neben den bereits genannten Anforderungen zum Erlernen ihrer Ablesung noch weitere Lerneffekte auszumachen, die in der regelmäßigen Nutzung der Zeigeruhr geschult werden können. Das Kopfrechnen beispielsweise ist stets gefordert, wenngleich diese Kompetenz auch im digitalen Format zu Genüge geübt wird. Das räumliche Vorstellungsvermögen jedoch wird ausschließlich im analogen Uhrbild trainiert, wenn der Minutenzeiger um eine beliebige Zeitspanne vor dem geistigen Auge manipuliert werden muss.

Im nachfolgenden Kapitel wird unter anderem geklärt, warum diese zuvor erwähnte mental-visuelle Flexibilität nur dem analogen Format zugesprochen werden kann.

6.3 Die didaktische Werthaltigkeit des Abstraktionsgrades

Einen weiteren Vorzug stellt die empirisch schwer nachzuweisende Kompatibilität der bildlichen Analoguhr und dem „Bildverständnis" unseres Wahrnehmungsund kognitiven Verarbeitungsprozesses dar. In der fachdidaktischen Literatur allseits bekannt ist die – in der Praxis bedauerlicherweise häufig zu selten berücksichtigte – Empfehlung zum Einsatz unterschiedlicher Darstellungsformen, die LEISEN im Rahmen seines kommunikationssensiblen Unterrichtes etabliert hat (vgl. Leisen 2010, 36 f.). Insbesondere in der Grundschule sollte ein breites Angebot an Repräsentationsformen eine didaktische Selbstverständlichkeit sein, das den flexiblen Wechsel zwischen verschiedenen Abstraktionsebenen beliebiger Inhalte erlaubt, um individuelle Zugänge zu gewährleisten. Dies erscheint vor dem Hintergrund immer feiner ausdifferenzierter bzw. in ihrer Unterschiedlichkeit endlich wahrgenommener Lernvoraussetzungen der Schüler*innenschaft und der inzwischen im kollektiven Bewusstsein verankerten Tatsache der Heterogenität von Lerngruppen essenziell.

In Abbildung 6.1 ist ein vertikales Abstraktionsspektrum aufgetragen, das den verschiedenen Darstellungsebenen von LEISEN nachempfunden und den Ansprüchen der vorliegenden Arbeit entsprechend erweitert wurde. In aufsteigender Reihenfolge sind die verschiedenen Ebenen der Anschaulichkeit aufgeführt, beginnend mit der *gegenständlich-materiellen,* nach Leisen auch *nonverbalen* Stufe. Darüber befindet sich – streng genommen als erste „echte" Abstraktionsform – die *bildliche* Ebene, die nach LEISEN häufig mit der sprachlichen

Ebene zusammengefasst wird.[2] Der Fokus liegt in diesem Abschnitt jedoch auf der optischen Repräsentation beliebiger Lerninhalte und deren Wahrnehmungszugänge; die typischen Versprachlichungen zu beiden Uhrzeitformaten und deren Eigenheiten sind hier nicht von Belang (vgl. 4.2.3, S. 57).

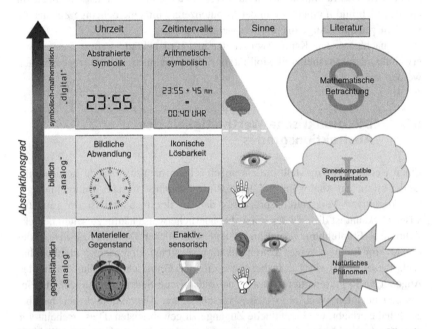

Abbildung 6.1 Vertikales Abstraktionsspektrum, in das die Anzeigeformate der Uhrzeit und Operationen mit Zeitintervallen eingebettet wurden. Inspiriert nach LEISEN (2010). Ergänzend sind wertvolle didaktische Arbeiten zu verschiedenen Zugängen (Bruner, EIS-Prinzip) und nötigen Abstrahierungsprozessen (Blum/Leiß) abgebildet

Den höchsten Abstraktionsgrad weist die *symbolisch-mathematische* Ebene am oberen Ende der Skala auf. Im Einklang mit der oben vorgeleisteten begrifflichen Definitionsarbeit sind in diesem Schaubild sowohl die gegenständliche als auch die bildliche Ebene mit „analog" bezeichnet worden, während die symbolische Darstellungskategorie dem „digitalen" Bedeutungsfeld entspricht. Mit

---

[2] Die Gegenstandsebene ist ja im Grunde keine Darstellung des zu abstrahierenden Objektes, weil es das Ding selbst ist (Bruner et al. (1971, S. 31).

Hilfe jener Ebenen können die wesentlichen Unterschiede der beiden Uhrzeitformate inklusive damit verbundener, formateigener Darstellungen hinsichtlich ihrer Anschaulichkeit strukturiert und bildhaft veranschaulicht werden.

Der Vollständigkeit halber sei am Rande erwähnt, dass in der didaktischen Literatur ähnliche Werke zur Einstufung des Abstraktionsgrades bereits vorher existierten. Exemplarisch kann hier die Einteilung bei GREVSMÜHL genannt werden, der ebenfalls drei „Ebenen der Wiedergabe" (Grevsmühl 1995, S. 21) unterscheidet: analogisch, schematisch, symbolisch. Inhaltlich stimmen diese mit den hier behandelten gegenständlichen, bildlichen und symbolischen Ebenen überein, allein die Bezeichnung „analogisch" für das Gegenständliche stimmt besonders mit der oben durchexerzierten begrifflichen Definitionsarbeit (vgl. 3.1) überein.

In der Abbildung ebenfalls implementiert ist das lernpsychologische Grundmuster nach BRUNER, das vor allem in der Mathematikdidaktik häufig herangezogen wird (Bruner & Harttung 1974). Das sogenannte „EIS-Prinzip" – Enaktiv, Ikonisch, Symbolisch – beschreibt unterschiedliche Darstellungsformen beliebiger Lerninhalte und lässt sich hier ebenfalls vertikal einordnen. Demnach entspricht der enaktive Zugang der gegenständlichen Ebene, mit dem die mechanisch korrekt arbeitende Lernuhr – wie bereits erwähnt – *direkt am Lerngegenstand* haptisch erfahren und ein „gewohnheitsmäßige[s] Handlungsschema" (vgl. Bruner et al. 1971, S. 27) erworben werden kann. Die ikonische Darstellungsform spiegelt die bildliche Repräsentationsebene wider, die neben den externen Verbildlichungen auch interne, mentale Abbilder umfasst. So kann die zuvor erwähnte, enaktiv erforschte Lernuhr auf einer höheren Abstraktionsstufe in Form eines Systems aus Zifferblatt und Zeigern graphisch veranschaulicht werden. Ein körperliches Objekt ist aus seiner ursprünglichen Dreidimensionalität herausgehoben und in eine verbildlichte, zweidimensionale Darstellung überführt worden. Die symbolische Ebene setzt diese Reduktion wesentlichster Bestandteile fort und extrahiert nunmehr die notwendigsten Informationen aus der bildlichen Darstellung. Sie bedient sich dabei der Symbolsprache, zu der – anders als bei LEISEN – auch das gesprochene Wort, die Mathematik und andere der Willkür entsprungene Symbolkonventionen gehören. Das EIS-Prinzip ist in der Abbildung auf seine Anfangsbuchstaben reduziert und als hintergründiges „Wasserzeichen" in der äußerst rechten Spalte verankert worden. Ihre gezackten, gerundeten und elliptischen Umrandungen werden in einem späteren Abschnitt besprochen, da es sich dabei um einen weiteren interessanten Beitrag aus der didaktischen Forschung handelt.

In der ersten Spalte „Uhrzeit" wird am Beispiel der Uhrzeitdarstellung der Interpretationssinn des Schaubildes aufgezeigt. Die Uhr als plastischer Gegenstand steht am unteren Rand stellvertretend für jede Art von materieller Uhr, anhand derer Grundschüler*innen etwa ein Gefühl für die (korrekte!) Umlaufmechanik der Zeiger erfahren können.[3] Solche Lernuhren existieren in sämtlichen farblichen, materiellen usw. Ausführungen, aber allen gemein ist ihr Alleinstellungsmerkmal der haptischen Zugänglichkeit. Auch die häufig als Heft- oder Buchzusatz beiliegende ebene Pappuhr ist für die enaktive, taktile Erkundung geeignet. So werden hier beispielsweise für die späteren, rein mentalen Vorgänge Grundlagen gelegt, indem die verschiedenen Zeiger beliebig verschoben werden können, um etwa gewünschte Uhrzeiten oder Zeitintervalloperationen einzuüben.

Neben dem Tastsinn – in der Abbildung als Hand versinnbildlicht – bedient die „physische" Uhr freilich auch nahezu alle restlichen menschlichen Sinne. Mit Ausnahme der gustatorischen Wahrnehmung (Geschmackssinn) spricht die gegenständliche, funktionstüchtige Uhr vorwiegend den visuellen (Zifferblatt mit beweglichen Zeigern) und auch den auditiven (Glockenschläge zur vollen Stunde, charakteristisches Sekundenticken) Sinneskanal an.[4]

Auf der nächsthöheren, bildlichen Ebene ist die räumlich ausgeformte Uhr zu einer flächenhaften Darstellung abstrahiert worden. Der Transfer von der natürlich-gegenständlichen in eine abbildende Ebene kann demnach nie ohne zwingende Elementarisierungen und Reduktionen erfolgen. Zur weiterführenden Beschäftigung im physikdidaktischen Zusammenhang sei an dieser Stelle auf entsprechende Literatur verwiesen, die sich mit generellen didaktischen Elementarisierungen und physikalischer Modellbildung auseinandersetzt (vgl. Kircher et al. 2010, S. 735, 2010, S. 115).

In ihrer bildlichen Abwandlung – ob als Druck oder bildschirmbasierte Realisierung ist hier irrelevant – ist die analoge Uhr unter Berücksichtigung aller bedeutungstragenden Elemente (Zifferblatt mit Skalenstrichen und Ziffern, alle Zeiger) in die Ebene projiziert worden, das der mentalen Repräsentation des ursprünglichen Gegenstandes wohl am ehesten entsprechen mag (vgl. Grevsmühl 1995, S. 19). Im Zuge des ersten Wechsels der abstrakten „Aggregatzustände" von gegenständlich zu bildlich erfolgt die pragmatische Differenzierung aller wesentlichen und unwesentlichen Bestandteile des wirklichkeitsnahen Objektes. Mit diesem Transport in die verflachte Ebene geht eine Verschmälerung des

---

[3] Mit korrekter Umlaufmechanik ist gemeint, dass sich Stunden- und Minutenzeiger nicht unabhängig voneinander beliebig einstellen lassen und sich den Kindern somit anhand des enaktiven Zugangs die Mechanik beider Zeiger offenbaren.

[4] Freilich sind auch digitale Zählwerke in physisch-materieller Form vorstellbar, wie es beispielsweise Fallblattanzeigen darstellen können.

sensorischen Erfahrbarkeitsspektrums einher, da die rein bildliche Repräsentation den Geruchs-, Geschmacks-, Gehör- und Tastsinn im Allgemeinen nicht anspricht. Demzufolge bedient die illustrierte analoge Uhr primär den visuellen Wahrnehmungsapparat. Der vorwiegend bildhafte Charakter der Zeigeruhr – mit Ausnahme der zur Ablesung nicht zwingend notwendigen Zahlensymbole auf dem Zifferblatt – kommt dem mentalen Abbild am nächsten und weist damit vermutlich die höchste kognitive Kompatibilität auf. Ein Indiz dafür stellt der empirische Befund dar, wonach insbesondere für das Erinnerungsvermögen bei Bildern deutlich stärkere Effekte im Vergleich zu Texten und Symbolen festgestellt werden konnten (stellvertretend dafür sei der „Bildüberlegenheitseffekt" im Rahmen der „dualen Kodierungstheorie" nach Paivio genannt: Paivio 1991; vgl. Bovet & Huwendiek 2015, S. 169).

Ein weiterer Aspekt, der im Zusammenspiel von visueller Wahrnehmung und bildlich dargebotener Inhalte eine wichtige Rolle spielt, ist die *simultane* Erfassung. Im Vergleich zu seriell aufgenommener Informationen (visuell: z. B. Text, auditiv: z. B. Verbalsprache) zeichnet sich die bildliche Wahrnehmung durch eine größere Aufnahmekapazität aus und ist aufgrund ihrer Permanenz weniger flüchtig als beispielsweise auditive Reize (vgl. Grevsmühl 1995, S. 21).

Der höchste Abstraktionsgrad der Uhrzeitdarstellung wird in der symbolisch-mathematischen Ebene in Gestalt der digitalen Anzeige realisiert. Anders als beim Übergang vom Gegenständlichen zum Bildlichen handelt es sich beim Transfer zur letzten Abstraktionsstufe nicht um ein möglichst originalgetreues Abbild des natürlichen Objektes, das dabei lediglich die Reduktion seiner Dreidimensionalität erfährt. Die Überführung von der bildlichen zur symbolischen Ebene ist vielmehr von einer Orientierung zu einem effektiven Minimalismus geprägt. Vom analogen Zifferblatt, das die aktuelle Uhrzeit mit verschiedenen Zeigerkonstellationen bildlich-räumlich veranschaulicht, ist nun noch das „Ableseergebnis" in einer Zifferdarstellung geblieben. Der Prozess, der für die Ermittlung der Uhrzeit notwendig ist, beruht nicht länger auf einem komplexen Konzept aus unterschiedlichen Zeigern und Skalen, sondern erfordert lediglich das sequenzielle, lineare Erfassen des einen Stellenwertes nach dem anderen in der üblichen Links-Nach-Rechts-Leserichtung.

In diesem Zusammenhang muss auf ein generelles Problem in naturwissenschaftlich, experimentell geprägten Unterrichtsfächern aufmerksam gemacht werden, welches in der zu unkritischen Haltung von Kindern und Jugendlichen gegenüber elektronischen (Mess-) Geräten besteht. Ähnliche Beobachtungen können im Mathematikunterricht gemacht werden, wenn ein völlig grotesques Ergebnis des Taschenrechners unhinterfragt als korrekte Lösung hingenommen wird. Dies greift freilich auch auf andere technische Hilfsmittel über und muss an dieser Stelle der Arbeit mit dem Stichwort der „Technikgläubigkeit" vorerst abgeschlossen werden (vgl. Götze & Raack 2022, S. 82).

Die sensorischen Wahrnehmungsmöglichkeiten des digitalen Uhrzeitformates beschränken sich streng genommen auf den visuellen Sinneskanal. Das in entsprechender Höhe abgebildete menschliche Gehirn steht symbolisch für den mentalen, intellektuellen Vorstellungsraum, der den höchsten Abstraktionsleistungen entsprechen soll. Die Informationsaufnahme geschieht also über das visuelle, die kognitive Verarbeitung jedoch im abstrakt-intellektuellen System, das über keinerlei (externe!) bildhafte Unterstützung mehr verfügt. Mit anderen Worten: es gibt keinen ursprünglichen Gegenstand, von dem die Digitaluhr bzw. ihr Format abgeleitet wurde, da sie ein von der sinnlich erfahrbaren Realität maximal entrücktes Darstellungsformat ist.

In der zweiten Spalte von Abbildung 6.1 ist exemplarisch die oben bereits angeklungene, für den alltäglichen Umgang mit der Zeit bedeutsame Handlung der **Zeitintervalloperationen** aufgeführt. Die abgebildete Sanduhr auf der gegenständlichen Ebene soll die unmittelbare, subjektiv wahrnehmbare Erfahrung einer beliebigen Zeitspanne repräsentieren. Die Begegnung mit dem Phänomen selbst steht dort im Vordergrund und stellt genauer betrachtet keine „echte" Form der Abstraktion dar. Außerdem ist die Wahrnehmung von Zeitspannen freilich starken individuellen und situativen Schwankungen unterworfen, wie in Abschnitt 2.1.2 bereits erläutert wurde, während sich die noch folgenden Veranschaulichungsformen von Zeitspannen auf ein objektives Zeitmaß beziehen.

Auf der bildlichen Ebene steht die ikonische Lösbarkeit von Aufgaben zu Zeitspannenberechnungen im Fokus. Auf Grundlage der zyklischen Analoguhr lassen sich ebenjene Aufgaben additiv und subtraktiv bildlich bewältigen, indem bei innerstündlichen Szenarien der Minutenzeiger gedanklich (mental ikonisch repräsentiert) oder motorisch (auf gegenständlicher Ebene händisch) verschoben werden kann. Die bildliche Unterstützung bietet gerade bei alltagsüblichen Anforderungen, wie die Hinzugabe von einer Viertel-, halben oder Dreiviertelstunde besonders anschauliche Lösungsstrategien, indem beispielsweise der Minutenzeiger diametral am Uhrmittelpunkt gespiegelt oder Kreisbögen bzw. Winkelfelder hinzu- oder weggenommen werden. Die visuell begünstigten Methoden sind also mannigfaltig und bedienen sich alle der Bildlichkeit des Vollkreises, auf der das Zifferblatt beruht.

Neben dem Grad der Abstraktion nimmt GREVSMÜHL zum Beispiel darüber hinaus eine Differenzierung visueller Darstellungsformen nach dem Grad ihrer Dynamik vor (vgl. Grevsmühl 1995, S. 22). Demnach sind – aus der Perspektive der Mathematikdidaktik – statische Darstellungen solche, die eine Kardinalzahl oder einen anderen diskreten Wert visualisieren, während dynamische Abbildungen Bezug zu Rechenoperationen nehmen (vgl. ebd.). Wenden wir dieses, auf empirischen Auswertungen von Grundschüler*innendokumenten beruhende Konzept auf beide Uhrzeitformate an, entspräche das digitale Format grundsätzlich eher der statischen, das analoge Zifferblatt aufgrund der räumlichen Bewegung seiner Zeiger der dynamischen Darstellungsform. Hinsichtlich der hier relevanten Zeitintervalloperationen eignen sich Darstellungen des Zifferblattes für dynamische Aspekte gewiss besser, da es sich mit einem Zusammenspiel aus einer statischen Zeigerstellung (beliebige Uhrzeit) und der Hinzugabe eines dynamischen Kreisausschnittes (beliebige innerstündliche Zeitspanne) realisieren ließe (vgl. Abbildung 6.2).

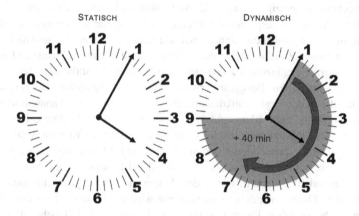

Abbildung 6.2 Beispiel für eine statische (links) und dynamische Darstellungsform (rechts) bildlicher Rechenoperationen anhand eines Zifferblatts

Auf der symbolischen Abstraktionsebene werden Zeitintervalloperationen in die mathematische Sprache übersetzt und darin arithmetisch bearbeitet. Ausgehend vom exakten Zeitpunkt, der aufgrund der eigenen Mindestgenauigkeit des digitalen Formates in der Größenordnung der Minute liegt, erfolgt eine Additionsoder Subtraktionsaufgabe mit dem Wert einer beliebigen Zeitspanne. Als besondere Herausforderung (nicht nur) für Schüler*innen der Primarstufe, erweist sich hierbei die Umstellung vom gewohnten Dezimalsystem mit der Basis 10 zu einer zusammengesetzten Hybridform zweier Stellenwertsysteme: die links vom Trennzeichen (:) befindlichen Stunden entsprechen dem Duodezimal- (12), die Minuten rechts vom Doppelpunkt dem Sexagesimalsystem (60).[5] Weitere Widrigkeiten, vor allem das nicht-standardisierte Einheitensystem der Zeit (Jahr: 12 Monate, Monat: 28–31 Tage bzw. 4 Wochen, Woche: 7 Tage, Tag: 24 Stunden, Stunde: 60 Minuten, Minute: 60 Sekunden, Sekunde: 10 Zehntel-, 100 Hundertstel- oder 1000 Millisekunden), können hier nur angedeutet werden. Schriftliche Rechentechniken funktionieren zudem nur bedingt nach dem vertrauten dekadischen System und es müssen neue Operatoren eingeführt werden, weil sich Zeitintervallberechnungen nicht in korrekten mathematischen Gleichungen fassen lassen (vgl. Franke & Ruwisch 2010, S. 223). Darüber hinaus besteht in der digitalen Schreibweise die Verwechslungsgefahr zwischen einem Zeitpunkt (13:37) und einer Zeitspanne (13:37 = 13 min 37 s) (vgl. ebd.).

In der Spalte der „Sinne" ist als stellvertretendes Symbol für digitale Zeitspannenberechnungen einzig das menschliche Gehirn als Zeichen der rationalen und kognitiven Verarbeitungsprozesse aufgeführt. Obwohl die Informationen selbstredend über den visuellen Sinneskanal aufgenommen werden, geschieht die Bearbeitung ohne Zuhilfenahme von Hilfsmitteln auf der intellektuellen Ebene.

Als sinnvolle Ergänzung zu den zuvor explizierten Abstraktionsstufen inklusive ihrer illustrierten Beispiele, erweist sich die Hinzunahme ausgewählter Elemente des in der Mathematikdidaktik ebenfalls hinlänglich bekanntem Modellierungskreislaufs nach Blum und Leiß (vgl. Blum & Leiß 2005). Innerhalb dieses, in der Originalquelle auch graphisch dargestellten, Kreislaufs befinden sich Abstrahierungsprozesse, die sich mit Abbildung 6.1 besser verstehen und einordnen lassen. Nach BLUM und LEIß wird die „Realsituation" in ein „Situations-" bzw. „Realmodell" überführt, wie es dem Übergang von der gegenständlichen in die bildliche Ebene entspricht. Anschließend wird es aus dem „Rest der Welt" in den mathematischen Raum transferiert und mathematisch bearbeitet. Diese Abstrahierung stimmt mit der Fortsetzung in die mathematisch-symbolische Ebene überein.

Die von unten nach oben erfolgende Transformation der geometrischen Formen in der rechten Spalte aus Abbildung 6.1 soll ebenjenen Vereinfachungsprozess veranschaulichen. Die gezackte, unregelmäßige Sternform als Repräsentation der unverwechselbaren Beschaffenheit des natürlichen Phänomens auf der gegenständlich-materiellen Ebene, das mit nahezu allen menschlichen

---

[5] Je nach Format lässt sich das Stellenwertsystem der Stunden entweder (wie im britischen am/pm-System) als 12- oder (wie hierzulande) 24-stündiges Format beschreiben. Die zugrunde liegende Basis bleibt bei beiden jedoch die 12.

Sinnen erfahrbar ist.[6] Die im Zuge der ersten Verbildlichung des ursprünglichen Phänomens unausweichlichen Vereinfachungen sind als nun abgerundete Konturen dargestellt worden. Nach Auffassung des Verfassers entspricht diese Ebene dem bestmöglichen „Kompromiss" aus Vereinfachung wesentlicher Merkmale und Erhaltung der ursprünglichen Gestalt des Phänomens, vor allem für didaktische Belange. Die Herauslösung der maximal relevanten Informationen aus der bildlichen Interpretation in den naturentlegenen, mathematisch-symbolischen Raum soll die elliptisch-gekrümmte Blase im Schaubild verkörpern.

Zusammenfassend lässt sich sagen, dass sich im weiten Themenfeld rund um Zeit, Uhren und Zeitspannenoperationen erst auf den zweiten Blick Hürden für Schüler*innen zeigen, die in der bisherigen Wahrnehmung womöglich unterrepräsentiert waren. Mit Abbildung 6.1 stellt die Arbeit eine Orientierungs- und Verständnishilfe bereit, die beispielsweise angehende Grundschullehrkräfte für das aus Kindesaugen nicht triviale Themenfeld der Zeit sensibilisieren. Als wichtigste Einordnung gilt dabei die Zuordnung der verschiedenen „Aufgaben" (Zeit ablesen, mit Zeitspannen hantieren) rund um das Thema „Zeit" zu den verschiedenen Abstraktionsstufen inklusive ihrer Anforderungen, Potentialen, aber auch Grenzen.

---

[6] Hiermit ist selbstredend die Uhr und nicht die Zeit als physikalisches Phänomen gemeint.

Zeit und Raum – auch in der Wahrnehmung untrennbar

Zur systematischen Erarbeitung des grundschulgerechten Zeitbegriffs gehört auch, die kognitionspsychologischen Grundlagen bei Kindern und deren Entwicklung der Zeitanschauung zu ergründen. Im Umgang mit dem auch sehr subjektiven Thema „Zeit" werden schnell auch philosophische Sphären erschlossen, die den Kindern ein hohes Maß an Reflexionsfähigkeit und Abstrahierungsvermögen abverlangen. Ob, wann und wie dies im Kindesalter möglich ist, soll im folgenden Unterkapitel unter anderem zu Piagets bekanntem Stufenmodell aufgearbeitet werden. Darüber hinaus soll die untrennbare Verknüpfung von Zeit und räumlichen Vorgängen anschaulich besprochen werden. Darauf aufbauend werden schlussendlich wichtige Hilfsvorstellungen zu zeitlichen Prozessen etabliert, die viel über die menschliche Anschauung von Zeit verraten: lineare und zyklische Darstellungen des Zeitverlaufs.

7.1 Die Entwicklung des kindlichen Zeitverständnisses nach Piaget

Bei der kognitionspsychologischen Entwicklung von Kindern führt im didaktisch-pädagogischen Arbeitsfeld kaum ein Weg an den Arbeiten von JEAN PIAGET vorbei, die über Jahrzehnte den Charakter eines Standardwerks besaßen. Das Präteritum ist hier angesichts der teilweise empirisch fundierten Grenzen des Stufenmodells nach PIAGET bewusst gewählt worden. Nichtsdestotrotz bieten seine Arbeiten auch unter Berücksichtigung aller legitimer Kritik nach wie vor nützliche Erklärungsansätze und genießen auch nach über 60 Jahren noch (wenn auch eingeschränkte) Gültigkeit.

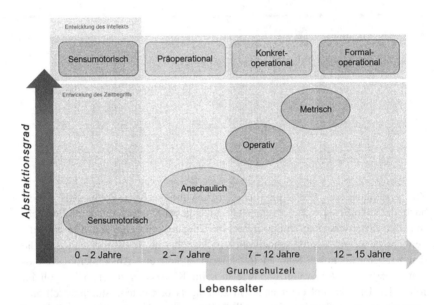

Abbildung 7.1   Integrierende graphische Darstellung der Entwicklungsstadien des Zeitbegriffs in das übergeordnete, kognitive Stufenmodell nach J. Piaget (Piaget 1955)

Abbildung 7.1 illustriert die Einbettung der Entwicklungsstadien des Zeitbegriffs nach PIAGET in dessen grundlegende Arbeit zur kognitionspsychologischen Entwicklung im Kindesalter (Piaget 1975). Die Darstellung wurde um das oben bereits verwendete, vertikale Abstraktionsspektrum (Abbildung 6.1) ergänzt und soll die spontane, qualitative Unterscheidung der Phasen erleichtern.

Eine vollständige Beschreibung der kognitiven Entwicklungsstufen kann und soll an dieser Stelle nicht geleistet werden. Je nach Veröffentlichungszeitraum und Autor differieren die genauen Bezeichnungen des fundamentalen Modells (Entwicklung des Denkens, das Erwachen der Intelligenz; des Intellekts usw.), manchmal auch die Anzahl der verschiedenen Stadien. Im Grunde beschreiben sie aber nahezu dieselben Entwicklungen mit nuancierten Anpassungen. Demzufolge sei auf einschlägige Literatur verwiesen, da die grundlegenden Begrifflichkeiten im Rahmen von Piagets Werken vorausgesetzt werden (vgl. Bormann 1978, S. 16; Oerter & Montada 2008, S. 437; Piaget 1955, 1975). Nun wird der Fokus jedoch auf die Ausformung des Zeitverständnisses gelegt.

Die Entwicklungsstadien des Denkens – wie sie in Abbildung 7.1 in der Kopfzeile aufgeführt sind – dienen als Basis der Orientierung, wenn wir im Folgenden den Entwicklungsverlauf des Zeitbegriffs beleuchten.

Sensumotorische Zeit (0 bis 3 Jahre):[1]
Die Bezeichnung „*sensumotorisch*" – *sensu* bzw. *senso* = die Sinne betreffend, *motorisch* = mittels Bewegung – muss im Rahmen des Zeitverständnisses indirekt und nicht wörtlich verstanden werden, da erste Erfahrungen mit der Zeitdimension weder sinnlich noch über Bewegungen gemacht werden. Die Benennung rührt vom eng verwandten Entwicklungsmodell des Denkens und seiner ersten Phase her, in der das Kind die Umwelt erstmals sinnlich erfährt.

In diesem Stadium, das sich von der Geburt bis zum dritten Lebensjahr erstreckt, verfügt das Kind über ein Zeitverständnis, das ausschließlich handlungs- und aktionsgebunden in Erscheinung tritt. PIAGET spricht von einer ersten, grundlegenden „Zeitorganisation" (Piaget 1955, S. 359) und beschreibt damit die elementarste Form einer zeitlichen Folge. Als Beispiel führt er das Schreien des Säuglings als Ausdruck des Hungers mit der damit erlernten Wartezeit an, die als zielgerichtetes Zeiterleben bezeichnet werden kann. In Abwesenheit einer solchen akuten Handlung findet keine bewusste Zeitwahrnehmung statt, da das Kind noch auf kein homogenes Zeitverständnis zurückgreifen kann, das als „Hintergrundprozess" präsent ist. Aus der Perspektive eines Kleinkindes sind die so erlebten, zusammenhangslosen Zeiterfahrungen allesamt einzigartig und aufgrund der kindlichen Egozentrik maximal subjektiv (vgl. ebd.).

In der von PIAGET auch als „praktische Zeit" (vgl. Piaget 1955, S. 360) bezeichneten sensomotorischen Phase werden innerhalb dieser zeitbewussten Handlungsabläufe auch frühe Grundzüge kausaler Zusammenhänge erlernt, die jedoch lediglich die zeitliche Reihenfolge, nicht aber die Dauer umfassen.

Anschauliche Zeit (3 bis 7 Jahre):
In der nächsten Stufe wird aus der praktischen, exklusiv handlungsbezogenen eine mentale, *anschauliche Zeit*. Man könnte den Übergang – dem Verständnis der vertikalen Skala aus Abbildung 7.1 entsprechend – auch als ersten Abstrahierungsprozess beschreiben, bei dem

„...die wirklichen Handlungen von nun an durch virtuelle oder nur angedeutete Handlungen ersetzt werden können und nicht mehr nur an den Wahrnehmungsmerkmalen

---

[1] Aus Gründen der Originalität und der Würdigung wird hier die ursprüngliche Schreibweise (sensu- anstatt sensomotorisch) verwendet.

erkenntlich sind, sondern in Zeichen und Vorstellungen ausgedrückt werden müssen: die Begriffe, die vorher «getan» wurden, bedürfen nun zu ihrer wirklichen Bildung eine richtige neue Lehrzeit." (Piaget 1955, S. 361).

Aus diesem Auszug geht auch hervor, dass die Entwicklung des Zeitbegriffs mit dem frühkindlichen Spracherwerb bzw. der Begriffsbildung grundsätzlich einhergeht. Dabei stellen die praktischen Erfahrungen aus der sensumotorischen Phase den „Nährboden der Begriffe" (Piaget 1955, S. 362) dar, wovon auch die Entwicklung des Zeitbegriffs profitiert.

Ein weiterer, wichtiger Aspekt dieser Phase ist die namensgebende Anschaulichkeit, die auf visuell wahrnehmbaren Vorgängen oder Zuständen im *Raum* beruht (vgl. Abschnitt 7.2). Die räumlichen Wahrnehmungen besitzen dabei konstitutiven Charakter, das heißt: das Kind kann hypothetische Szenarien mental noch nicht durchspielen. Darüber hinaus sind zeitliche Vorstellungen konkret an räumliche Erscheinungen gebunden (vgl. Schorch 1981, S. 77). Dies spiegelt sich dann beispielsweise in der kindlichen Logik wider, wonach für eine größere, räumliche Strecke nach primitiv-proportionalem Verständnis auch mehr Zeit benötigt wurde oder größere Menschen für älter gehalten werden als kleinere (vgl. Schorch 1981, S. 78). Dem Basismodell von PIAGET entsprechend, träfe hier auch die Bezeichnung des „präoperationalen Zeitverständnisses" zu, da die anschaulichen Vorgänge zwar erfolgreich internalisiert werden, aber nach wie vor anschauungsgebunden bleiben.

Aus der kognitiv noch nicht erfolgten Entkopplung von räumlichen und zeitlichen Konstellationen erwächst ein kinematisch so interessantes wie noch falsches Verständnis zum Konzept der Geschwindigkeit. In PIAGETS Untersuchungen spielt diese als zeitliche Änderung des zurückgelegten Weges und deren differenzierte Bewertung eine zentrale Rolle, woraus er Rückschlüsse auf das Zeitverständnis zieht. Er beschreibt Zeitwahrnehmung nämlich als indirekt und nur über Bewegungen im Raum erfahrbar: „Der Raum ist eine Momentaufnahme der Zeit, und die Zeit ist der Raum in Bewegung;" (Piaget 1955, S. 14), woraus sich schlussendlich seine kinetische Definition der Zeit ableiten lässt, die „erst mit der eigentlichen Bewegung, d. h. mit den Geschwindigkeiten, in Erscheinung tritt" (Piaget 1955, S. 358).

Aufgrund der oben genannten Defizite bleibt auch die Beurteilung von verschiedenen Geschwindigkeiten mangelhaft und stellt noch kein Verhältnis von benötigter Zeit und durchlaufenem Weg dar, da das Kind noch auf keine isolierte, zeitliche Reihenfolge zurückgreifen kann (vgl. Piaget 1955, S. 364). Dies äußert sich auch im noch nicht vollends durchdrungenen Konzept der Gleichzeitigkeit: obwohl Kinder die identischen Anfangs- und Endzeitpunkte zweier bewegter

Modellautos als gleichzeitig anerkennen, folgern sie daraus eben nicht das Vorhandensein identischer Zeitintervalle für beide Autos, da noch keine objektive, internalisierte Zeitinstanz zur Verfügung steht (vgl. Lerch 1984, S. 11). Einzig Überholvorgänge von unterschiedlich schnellen Autos führen bei Kindern dazu, dass korrekte Angaben zu deren Geschwindigkeiten gemacht werden (vgl. ebd.). Zusammenfassend lässt sich der fehlerhafte Umgang erklären, da „das unentbehrliche Instrument, mit dem sich die Geschwindigkeiten untereinander vergleichen lassen, die homogene und einförmige Zeit, fehlt" (vgl. Piaget 1955, S. 364).

Operative Zeit (7 bis 10 Jahre):
Zur Besprechung der *operativen Zeit* erscheint es sinnvoll, den Stammbegriff „Operation" nach Piaget vorab zu definieren: er bezeichnet damit das Vermögen, mentale Repräsentationen flexibel zu manipulieren (Oerter & Montada 2008, S. 439).[2]
Die allmählich beginnende Herauslösung aus dem kindlichen Egozentrismus im Übergang vom anschaulichen zum operativen Stadium zieht ebenfalls eine Dezentrierung in der Zeitanschauung nach sich (vgl. Bormann 1978, S. 15). Die operative Entwicklungsstufe des Zeitverständnisses ist nicht mehr so stark ans Anschauliche gebunden und es wird ein höheres Niveau des zeitlichen Abstraktionsvermögens erreicht. Zeitliche Szenarien können nun also mental simuliert und durchexerziert werden. Die dazu erforderlichen Hilfsmittel sind die nun – nach Maßstäben der objektiven, bei PIAGET *physikalischen* Zeit – korrekt ablaufenden Bewertungen zeitlicher Dauer und die Befähigung zum Gebrauch von objektivierten Zeiteinheiten, die es den Kindern ermöglichen, Zeitintervalle miteinander zu vergleichen (vgl. Schnabel 2010). Die Zeit ist also objektiviert worden und kann nun sinnstiftender Gegenstand unterrichtlicher Betrachtungen sein, da das unverwechselbar subjektive Zeitverständnis dem komparativen weichen musste.
Das Fundament für die genannten Unterschiede, die das operative eindeutig vom anschaulichen Zeitverständnis abgrenzt, bildet das umfassend verstandene Kausalitätsprinzip. Es werden nun korrekte Kausalzusammenhänge zwischen zwei zeitlich und logisch aufeinanderfolgende Konstellationen erkannt, da Ursache und Wirkung identifiziert und deren chronologische Anordnung verinnerlicht worden sind (vgl. Lerch 1984, S. 12; Schorch 1981, S. 78). PIAGET beschreibt die Vollendung der operativen Zeit als gelungen, „…wenn sich die Reihenfolge aus

---

[2] Unter den im Rahmen dieser Arbeit besprochenen „Zeitintervalloperationen" (vgl. 6.2) sind ebensolche mit mentalen Repräsentationen zu verstehen.

der Einschachtelung der Zeitstrecken ableiten läßt [sic!] und umgekehrt" (Piaget 1955, S. 369). Mit anderen Worten: das operative Potential wird vollends ausgeschöpft, wenn sich aus der kognitiven Verarbeitung der Zeitintervalle (Einschachtelung) deren Reihenfolge inklusive deren umrahmende Grenzzeitpunkte ergeben.

Metrische Zeit (9 bis 10 Jahre):
Die *metrische Zeit* stellt die letzte Stufe der Entwicklung des Zeitverständnisses dar, das der Zeitanschauung eines Erwachsenen sehr nahekommt. Das Kind ist nun in der Lage Zeitintervalle konkret zu schätzen und die Dauer von beliebigen Handlungen annähernd korrekt vorherzusagen (vgl. Schnabel 2010). Dies kann als resultierende Erscheinung des inzwischen geschulten Umgangs mit objektiven, metrischen Zeiteinheiten interpretiert werden. PIAGET führt darüber hinaus zwei dafür grundlegende Voraussetzungen der menschlichen Zeitwahrnehmung ins Feld:

> „So erreichen die zeitlichen Operationen bereits im Qualitativen zwei an sich allein
> schon bemerkenswerte Ereignisse: Sie bewirken die Homogenität und die Kontinuier-
> lichkeit der Zeit. Die metrischen Operationen dagegen sind notwendig, um der Dauer
> einen gleichförmigen Ablauf zu gewähren (gleichförmig wenigstens für die kleinen
> Geschwindigkeiten, die unser gewöhnliches Handlungsfeld charakterisieren)" (Piaget
> 1955, S. 388).

Diese fortwährende, angenommene Gleichförmigkeit der objektiven Zeit – mit anderen Worten: das „Tempo", mit der die subjektiv empfundene Gegenwart verstreicht – bildet dabei also die Grundlage, auf der jede erlernte, metrische Zeitschätzung fußt. Wäre die objektive Zeit inhomogen, erschiene jegliche zeitliche Orientierung für menschliche Maßstäbe undenkbar, da sie der reinen Willkür überlassen wäre und eine zeitliche Vorhersage, terminliche Absprachen, kalendarische Überlegungen usw. hinfällig machen würde.

Zeitliche Reversibilität bei Piaget:
Des Weiteren ist die nun reflektierte Auffächerung der Zeitdimensionen in Vergangenheit, Gegenwart und Zukunft eng mit der Homogenität der Zeit verknüpft. Dabei spielt das Prinzip der Reversibilität eine tragende Rolle, das auch bei oben bereits genannten Operationen – wie z. B. bei mental repräsentierten Simulationen von zeitlichen Ereignissen – greift, sich nun aber vollständig und einheitlich entfaltet:

„Kurz, einerseits wird die Zeit nach beiden Richtungen aufgerollt und dabei entdeckt, daß [sic!] die Gegenwart nur eine aus einem steten Vorgang herausgeschnittene Momentaufnahme ist, und andererseits werden vielfältige Laufbahnen, die sich schneiden und die aus jeder Momentaufnahme den gemeinsamen Mittelpunkt unzähliger gleichzeitiger Ereignisse machen, in einem einzigen Ganzen koordiniert: das sind die zwei Ergebnisse der Dezentrierung, die von der egozentrischen Zeit zu der reversiblen Gruppierung führt." (Piaget 1955, S. 388).

Die hier vollendete – im engeren Wortsinne – Vereinbarung aller theoretisch parallel existierender Zeitebenen (Laufbahnen), die im Gegenwartsmoment gebündelt sind, möchten wir als globales Zeitverständnis bezeichnen. Die nunmehr erreichte geistige Flexibilität, die in der formal-operatorischen Stufe des Denkvermögens ihr Maximum erreicht, erlaubt rein hypothetische und von der konkreten Realität gelöste Betrachtungen (vgl. Bormann 1978, S. 16). Dieses Stadium entspricht nach Piaget dem „Idealtyp menschlicher Rationalität", das jedoch nicht von allen Menschen erreicht werde (Oerter & Montada 2008, S. 443). Auch hierbei stellt die Fähigkeit zur kognitiven Reversibilität das Fundament dar, auf dem sich die abstrahierende Elastizität stützt: „Die Zeit verstehen, heißt also durch geistige Beweglichkeit das Räumliche überwinden! Das bedeutet vor allem Umkehrbarkeit (Reversibilität)." (Piaget 1955, S. 365).

Zusammenfassend lässt sich konstatieren, dass mit den Entwicklungsstadien des Zeitbegriffs bei Kindern – von der *sensumotorischen* Begegnung über die *anschauliche* Betrachtung bis zur *operativen* und *metrischen* Verwendung der Zeit – ebenfalls eine Steigerung des Abstraktionsgrades einhergeht, wie es Abbildung 7.1 veranschaulicht. Von vordergründigem Interesse für die vorliegende Arbeit bleibt allerdings die Altersspanne, die in die Grundschulzeit fällt (ca. 7. bis 11. Lebensjahr). Während dieser reift beim Kind im Grundschulalter nach zunächst anschaulichem der operative Gebrauch der Zeit, der auch stark metrisch geprägt ist. Sowohl im Sachunterricht, aber hier deutlich ausgeprägter im Mathematikunterricht steht der sichere Umgang mit Uhrzeiten, Zeitpunkten und -spannen im Mittelpunkt curricularer Vorgaben, um die Kinder frühzeitig in externe Zeitstrukturen einzuführen und sie zur gesellschaftlichen Teilhabe zu befähigen.

Folgen wir PIAGET, können zum Ende der regulären Grundschullaufbahn die notwendigen kognitiven Voraussetzungen für abstrakte Betrachtungen gegeben sein, wenn das operative Zeitverständnis nahezu vollständig entfaltet wurde. Die dann auch von der direkten Anschauung gelöste, flexible Handhabung des Phänomens „Zeit" ermöglicht es, beispielsweise philosophische Themen zum Thema

„Zeit" sinnstiftend zu behandeln. Das metrische Stadium mit seiner gesteiger-
ten Präzision im Umgang mit objektiven Zeitmaßen ist dafür nicht weiter von
Bedeutung.

Kritische Anmerkung zu PIAGET:
Der wissenschaftlichen Vollständigkeit halber soll eine kritische Auseinandersetzung mit PIAGETS Theorie dieses Teilkapitel abrunden, die hier nur
überblicksartig geschehen kann.

Bei OERTER & MONTADA konzentriert sich die Kritik unter anderem auf
die Fragwürdigkeit der „stadientypische[n] Kohärenz" (Oerter & Montada 2008,
S. 443) der Entwicklungsphasen, da empirische Untersuchungen eine größere
Flexibilität zu unterschiedlichen Zeitpunkten ergaben, als es PIAGETS Modell
erlauben würde. Darüber hinaus unterschätze PIAGET die kognitiven Fähigkeiten
bei jungen Kindern teilweise enorm: so konnte gezeigt werden, dass Kinder im
Alter seines präoperationalen Stadiums sehr wohl in der Lage sind, Informationen aus mehr als – wie bei PIAGETS klassischen Vergleichsaufgaben üblich – nur
einer Dimension zu verarbeiten (vgl. Oerter & Montada 2008, S. 444).

Auch im Bereich des kausalen Denkens ist die kognitive Begrenzung keineswegs so gravierend wie von PIAGET angenommen. Denn bei Vorschulkindern
konnte entgegen PIAGETS Annahme ihres „prä-kausalen" Denkens ein fundamentales Kausalitätsverständnis nachgewiesen werden, das sich kaum von dem eines
Erwachsenen unterscheidet (vgl. Oerter & Montada 2008, S. 447). Beide greifen auf das Prinzip der zeitlichen Priorität zurück, wonach nur Ursachen für ein
bestimmtes Ereignis in Frage kommen, die ihm zeitlich vorangehen.

Des Weiteren wird die mangelhafte Kongruenz zwischen dem kognitiven
Basismodell und der Entwicklung des Zeitbegriffs bezüglich des Kindesalters kritisiert (vgl. Meder 1989, S. 70). Für diese Verschiebungen, die etwa im operativen
Bereich eine Diskrepanz von zwei bis drei Jahren aufweisen (vgl. Abbildung 7.1),
finden sich bei Piaget keinerlei Erklärungen.

Von besonderem Interesse für die vorliegende Arbeit ist der Einwand von
Straus (1956), wonach Piaget der kindlichen Vorstellung von Zeit, die zu Beginn
stark phänomenologisch geprägt ist, ein rational konstruiertes, wissenschaftlich
definiertes Zeitverständnis gegenüberstellt. Dazu sagt er, passend zu den noch
folgenden linearen und zyklischen Betrachtungen: „Die durch das Bild der Linie
symbolisierte objektive Zeit ist kein ursprüngliches Datum des Erlebens. Sie ist
ein Erzeugnis des Nachdenkens, ein Begriff für die Wissenschaften der Natur"
(Straus 1978, S. 32). WISSING präzisiert und beschreibt dieses „ursprüngliche
Datum des Erlebens" als

„Erscheinungsweisen und Kristallisationen von Zeit wie Vergangenheit, Gegenwart und Zukunft, Langeweile oder das Alter, geschichtliche Ereignisse und das Betrachten von Denkmälern [.], die von Piaget überhaupt nicht erwähnt werden." (Wissing 2004, S. 48).

Außerdem wird moniert, dass Piaget versucht die psychologische und physikalische Zeit gleichzusetzen (vgl. Wissing 2004, S. 48). In gewisser Hinsicht sind derartige Ansätze interessanterweise auch heute noch in Schulbüchern des Sachunterrichtes zu finden, wenn bereits mit Beginn des zweiten Schuljahres das subjektiv bedeutsame und hochfaszinierende Erlebnis „Zeit" überwiegend auf seine metrische Beherrschung reduziert wird.

7.2 Zeit als Wahrnehmung von Vorgängen im Raum

Im Rahmen dieser Arbeit nimmt vor allem die Anschaulichkeit des Phänomens Zeit aus didaktisch-pädagogischer Motivation heraus eine übergeordnete Rolle ein. Seine Veranschaulichung ist insofern von besonderer Bedeutung, als Zeit nie unmittelbar, sondern nur indirekt über andere physikalische Vorgänge erschlossen werden kann. Meist handelt es sich dabei um räumliche Konstellationen (Sonne-Erde) oder Bewegungen (z. B. Schwingungsperioden eines Pendels) und damit verbundene Abzählungen, die sich aufgrund einer möglichst schnellen und gleichförmigen Periodik anbieten. Für den praktischen Umgang mit Zeit sind solch wiederkehrende Ereignisse oder Vorgänge unabdingbar, um Zeitmarken zu setzen, mit deren Hilfe wir uns zeitlich erst orientieren können.

Wir schließen also primär von einer stattgefundenen bzw. noch ablaufenden räumlichen Bewegung auf ein Verstreichen der Zeit und machen uns Vorgänge im Raum bzw. deren Wiederholungen zunutze, um die Zeit indirekt nachzuweisen. Bei der Zeitmessung handelt es sich also ganz offenbar um ein menschliches Konstrukt, das ursprünglich dieses kaum greifbare, abstrakte Phänomen Zeit so anschaulich wie möglich über überschaubare, womöglich intuitiv nachvollziehbare, elementare Vorgänge gestalten wollte. Diese räumliche Interpretation des Zeitvergehens etablierte sich historisch in der Zeigeruhr, während ihr digitales Pendant auf das Element der räumlichen Vorgänge verzichtet und das analoge System auf seine Abzählcharakteristik minimiert (vgl. 3.2.2.3).

Abbildung 7.2 liefert einen Überblick und gliedert zuvor erwähnte Formen von Vorgängen im Raum, anhand deren Wahrnehmung auf ein Zeitvergehen geschlossen werden kann:

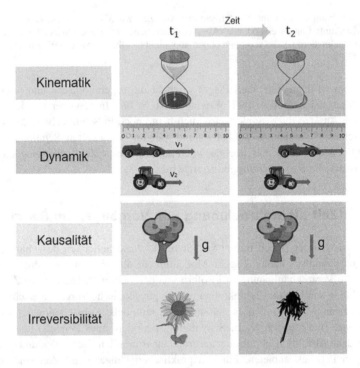

Abbildung 7.2 Schematische Übersicht unterschiedlicher Formen von Vorgängen im Raum, über deren Wahrnehmung indirekt auf ein Zeitvergehen geschlossen werden kann

1. **Kinematik**: Bewegung als Ortsveränderung
   Der Kinematik liegt die ursprünglichste Komponente des Zeitvergehens inne, da Zeit und Bewegung unauflöslich miteinander verflochten sind. Mit *Bewegung* wird an dieser Stelle hauptsächlich eine Ortsveränderung eines beliebigen Objektes beschrieben, woraus sich zwei voneinander differierende Zeitpunkte – und somit ein Zeitfortschritt – ergeben.
   In Abbildung 7.2 veranschaulicht die Sandmenge als „bewegtes Objekt" im Vergleich zweier Zeitpunkte t_1 und t_2 den kinematischen Kerngedanken. Zunächst befindet sich der Großteil des Sandes im oberen Glasbehälter, dann im unteren. Ursache und Reihenfolge der Bewegung spielen hierbei keine Rolle. Es ist lediglich und zentral von Belang, dass die Veränderung der räumlichen Konstellation (im abgeschlossenen System des Beispiels) als Rückschluss auf ein zeitliches Vergehen herangezogen werden kann und muss.

Als Spezialfälle treten darüber hinaus Bewegungen bzw. Ortsveränderungen in Erscheinung, bei denen der Ausgangsort räumlich erneut und in der Folge wiederholt eingenommen wird. Solche „Raumschleifen" finden wir in der Natur beispielsweise bei der scheinbaren Sonnenbahn um die Erde (Tag-Nacht-Zyklus), anhand der Mondphasen oder auch am nächtlichen Sternenhimmel, die allesamt grundsätzlich als periodische Zeitmessungsgrundlage genutzt werden können. Exemplarisch für ebenjene natürliche Zyklen sind in Abbildung 7.3 der Mondzyklus und die Sonne abgebildet.

Technisch haben wir als Spezies Mensch diese Bewegungsidee aufgegriffen und immer weiter optimiert, sodass wir im Labor auf nahezu identische periodische Abläufe zurückgreifen können (vgl. 3.2.2.3). Die Darstellungsform der Zeigeruhr ist das anschaulich optimale Resultat der Verräumlichung des Zeitvergehens. Das Unterscheidungselement der Zeit sind hier die verschiedenen räumlichen Konstellationen des Stunden- und Minutenzeigers.

2. **Dynamik**: Schnelligkeiten (allgemein)
   Aufbauend auf der fundamentalen Voraussetzung der zuvor beschriebenen Ortsveränderung durch Bewegung rückt nun ein daraus hervorgehender Aspekt in den Vordergrund: die unterschiedlichen Geschwindigkeiten zweier beliebiger, sich bewegender Objekte. Unter der Annahme nicht identischer Geschwindigkeiten kann in einem beliebigen Zeitintervall beobachtet werden, dass die Objekte unterschiedlich lange Wegstrecken in *demselben Zeitintervall* zurücklegen. Aus diesem Intervallvergleich ergibt sich somit logisch eine Notwendigkeit der Zeit als Bezugsgröße. Das hier beschriebene Beispiel ist stark auf das Weg-Zeit-Gesetz ($s = v \cdot t$) bezogen – wie es auch aus den unterschiedlich schnellen Fahrzeugen aus Abbildung 7.2 hervorgeht –, kann aber auch allgemeiner formuliert werden.

Im umfassenderen Sinne handelt es sich dabei also nicht nur um unterschiedliche Fortbewegungsgeschwindigkeiten, sondern um die Differenz der (momentanen) Änderungsrate(n). Die darin enthaltene „Rate" steht stellvertretend für den Rückgriff auf eine Zeitspanne als Referenzgröße. Beispiele anderer zeitabhängiger physikalischer Größen sind etwa Leistung $\left(\text{Leistung} = \frac{\text{Arbeit}}{\text{Zeit}}\right)$ oder radioaktive Zerfälle. Daran anschließend kann beispielsweise aus der unterschiedlichen Arbeits- oder Zerfallsgeschwindigkeit auf ein Zeitvergehen rückgeschlossen werden. Im Gegensatz zur zuvor erläuterten kinematischen Interpretation handelt es sich hierbei um eine dynamische

Intervallbetrachtung. Während die oben beschriebene Kinematik die Unterschiedlichkeit der Zustände in den Blick nimmt, konzentriert sich die Dynamik auf einen relationalen Prozess, der sich zeitlich vollzieht.

3. **Kausalität**: Ursache → Wirkung

Das Kausalitätsprinzip einer Ursache und der daraus resultierenden Wirkung impliziert ebenfalls eine zeitliche Dimension. Diesem Gedanken liegt – zeitlich betrachtet – eine serielle Abfolge dieser Ereignisse axiomatisch zugrunde und ist ausschließlich linear zu begreifen (vgl. 8).

Kausalketten aus weiterführenden Wirkungen, die selbst zu Ursachen neuer Wirkungen werden, können selbstredend auch Zyklen beschreiben. Hier liegt jedoch das Hauptaugenmerk auf dem isolierten Einzelphänomen der Kausalität, das primär als nacheinander erfolgendes Gefüge betrachtet wird.

In Abbildung 7.2 wird die Kausalität mit Hilfe eines herunterfallenden Apfels illustriert. Zunächst hängt er noch am Baum, bevor durch die Erdanziehungskraft (Ursache) eine Beschleunigung in Richtung des Erdmittelpunktes und somit das Herunterfallen (Wirkung) verursacht wird. Abbildung 7.3 veranschaulicht die zuvor beschriebene Linearität als (noch) ungerichtete Linie, worin sich die chronologische Abfolge widerspielt.

4. **Irreversibilität**: Zeitrichtung

Aus den sogenannten *irreversiblen Prozessen* kann ebenfalls auf ein zeitliches Geschehen geschlossen werden. Dabei handelt es sich weniger um vergleichende Betrachtungen von Orts- oder Bewegungszuständen (siehe Kinematik und Dynamik), sondern vielmehr um ein naturwissenschaftlich fundamentales Phänomen: die Gerichtetheit der Zeit.

Irreversible Prozesse können nicht rückgängig gemacht werden, obwohl sie theoretisch rückwärts denkbar wären, da sie beispielsweise den Energieerhaltungssatz nicht verletzen würden. Ein viel zitiertes Beispiel ist das Glas, das von einem Tisch auf den Boden fällt und zerspringt. Dies ist ein irreversibler Prozess, da noch nie beobachtet wurde, dass sich das Glas spontan von selbst zurück auf den Tisch bewegt und wieder vollständig zusammensetzt (vgl. Halliday et al. 2009, S. 624). Ein anderes thermodynamisches Beispiel für Irreversibilität ist die bei mechanischer Bewegung entstehende Reibungswärme, aus der – rückwärts gedacht – wiederum keine Bewegung entsteht.

In diesem Zusammenhang wurde die *Entropie* postuliert, wonach in einem abgeschlossenen System diese stets zunimmt, wenn darin ein irreversibler Prozess stattfindet (vgl. ebd.). Da die Entropie – anders als die Energie in einem abgeschlossenen System – keine Erhaltungsgröße ist und der zuvor formulierten Definition gemäß bei irreversiblen Prozessen stets zunimmt, wird die Entropieänderung auch als „Zeitpfeil" (ebd.) bezeichnet. Dies erklärt auch den dargestellten Pfeil in Abbildung 7.3 zur Irreversibilität. Die Unumkehrbarkeit von bestimmten Prozessen kann darüber hinaus – im weitesten Sinne – als gesonderte Vervollständigung kausaler Zusammenhänge betrachtet werden. Das Phänomen der Irreversibilität spielt auch beim biologischen Alterungsprozess eine zentrale Rolle.

Abbildung 7.3 Lineare und zyklische Modellvorstellungen von Zeit, ausgehend von räumlich-physikalischen Vorgängen aus Abbildung 7.2

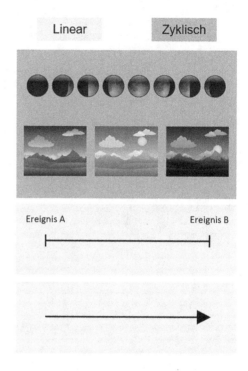

Aus den aufgeführten Formen räumlicher Prozesse (Abbildung 7.2) als Zeitindikatoren ergeben sich darüber hinaus zwei elementare Anschauungskonzepte der Zeit, die hier als *linear* und *zyklisch* bezeichnet werden sollen. Während die lineare Vorstellung logisch aus dem Kausalitätsprinzip erwächst und für irreversible Prozesse ebenfalls fundamental ist, stellt die zyklische Deutung einen Spezialfall der Kinematik dar. So können wir – Punkt 1 der voranstehenden Auflistung folgend – auf ein Zeitvergehen schließen, wenn sich die Position eines Objektes (Sandmenge im oberen Behälter) verändert hat. Wenn es jedoch immer wieder den Ausgangszustand erreicht, erscheint eine kreisförmige Darstellung der Prozesse als am geeignetsten.

Lineare und zyklische Zeitanschauungsformen

Nur ein weiterer Tag im Inner'n der Brust,

tut der Muskel jeden weiteren Schlag, nur, weil er muss,

was er tut bis zum Schluss, was er tut bis zum Schluss,

da kommt nicht mehr, ich hab's immer gewusst.

[mit freundlicher Genehmigung des Künstlers entnommen aus:

Prinz Pi – Strahlen von Gold / Sohn, 2016]

Aus den zuvor geleisteten Überlegungen über die Verknüpfung von Raum und Zeit ergeben sich lineare, aber auch zyklische Vorstellungen zum Verlauf der Zeit. Da sie sich menschheitsgeschichtlich bewährt haben, finden wir beide Formen in den unterschiedlichsten Bereichen der Wissenschaft, Kulturen, Religionen, aber eben auch in Schulbüchern, die Grundschulkindern das Phänomen Zeit näherbringen wollen. In diesem Kapitel sollen didaktische Potentiale aufgezeigt werden, die in der Behandlung beider Zeitanschauungsformen schlummern, bevor sie im abschließenden Kapitel der Arbeit unter anderem in aktuellen Lehrwerken dahingehend unter die zeitkritische Lupe genommen werden.

8.1 Kosmologische Interpretation

Auf der Suche nach einer zufriedenstellenden Antwort auf die Frage nach der wahren, oder wenn auch nur für uns Menschen anschaulichsten „Natur" der Zeit, kann zusätzlich zu den eben angestellten Überlegungen die Einnahme des größtmöglichen Betrachtungswinkels auf kosmologische Zeitstrukturen von wertvoller

P. Raack, *Zeit und das Potential ihrer Darstellungsformen*, MINTUS – Beiträge zur mathematisch-naturwissenschaftlichen Bildung, https://doi.org/10.1007/978-3-658-43355-0_8

Bedeutung sein. Daran anknüpfende, bei physikalisch Unbewanderten häufig auftretende Fragen lauten beispielsweise: Ist die Zeit mit dem Urknall „entstanden"? Was war (zeitlich interpretiert haltlos) „davor"? Wenn sie einen Anfangspunkt hat, ist sie dann endlich (Kant)? Wenn ja, wie und wann? Solche Überlegungen, die sich um abstrakte Konzepte wie Unendlich- und Ewigkeit ranken, sind nicht nur Gegenstand moderner astrophysikalischer Forschung, sondern auch philosophische, metaphysische Grundfragen.

Im Rahmen derartiger Gedankenspiele können wesentlich unterschiedliche Anschauungsformen von Zeit hervorgebracht werden: die *lineare* und die *zyklische* Interpretation des Zeitverlaufs. Am Beispiel kosmologischer Dimension kann argumentiert werden, dass weder die eine noch die andere Annahme über die Zeit Anspruch auf Einzelgültigkeit besitzen muss, sondern dass beispielsweise analog zum Welle-Teilchen-Dualismus des Lichts ein ebensolches, fundamentales Naturphänomen theoretisch nur komplementär beschrieben werden kann. Dieser Annahme folgend, wird eine Kombination beider Verlaufsformen in Gestalt zyklischer Universa vorstellbar, wenn sich „Abschnitte" linearer Zeitordnungen in Phasen universaler Expansion und Kontraktion periodisch wiederholen (vgl. Karamanolis 1989, S. 26). Diese Abfolge von aufeinanderfolgenden Intervallen wird in der Literatur plastisch u. a. auch als pulsierendes oder salopp sprachbildlich „Wurstketten-Universum" (Callender 2013, S. 130) bezeichnet, dessen Knotenpunkte multipler Singularitäten (Urknall) entsprächen (Abbildung 8.1).[1]

Abbildung 8.1 Veranschaulichung zyklischer Universa, die einer linearen Abfolge gehorchen

Gewiss, wir befinden uns im hochspekulativen Raum wohl nie zu beweisender Hypothesen, aber selbst Newton erwähnte die Idee von der Existenz zyklischer Universa (vgl. Karamanolis 1989, S. 26). Dem entgegen steht jedoch seine postulierte, überall stets gleichmäßig verstreichende „absolute Zeit", die erst Anfang des 20. Jahrhunderts von Einsteins dynamischer Raumzeit hinsichtlich ihrer Gültigkeit abgelöst wurde.

---

[1] Dem Verfasser ist durchaus bewusst, dass es sich nach aktueller Faktenlage hierbei um ein Oxymoron handelt. Bezeichnenderweise führt der Duden für das Wort „Urknall" keinen Plural.

Vor dem Hintergrund unzähliger, sowohl im mikro- als auch makroskopischen Bereich periodisch wiederkehrender Abläufe (planetarisch: Tag-Nacht-Wechsel, Mondphasen mit Gezeiten, Jahreszeiten (vgl. Burger 1986, S. 202), interstellar: Entwicklung eines Sterns, Materiekreislauf (vgl. Hohmann 2019, S. 136)), erscheint die Vorstellung eines sich zunächst ausdehnenden und wieder zusammenziehenden Universums nicht völlig abwegig, auch wenn die gegenwärtigen kosmologischen Theorien in die Richtung eines sich beschleunigt expandierenden, ewig ausdehnenden Universums deuten.

Ungeachtet aller Schwierigkeiten, jemals fundierte Antworten auf die eingangs genannten Fragen zu erhalten, bleiben die lineare und die zyklische Zeit nützliche Modellvorstellungen, die aus einem schwer zugänglichen Naturphänomen eine nahezu anschauliche Größe machen. Welches didaktische, aber vor allem welche pädagogisch-philosophischen Potentiale sich hinter beiden Anschauungsformen verbergen, soll zentraler Bestandteil der folgenden Abschnitte sein.

8.2   Didaktische Potentiale der Modellvorstellungen von „Zeit"

In nahezu allen Schulbüchern und Arbeitsheften zum Sachunterricht finden sich zum jahrgangsübergreifenden Großthema „Zeit" sowohl kreisförmige als auch strahlartige Veranschaulichungen der Zeit. Je nach Sachzusammenhang wird mal ein zyklisches, mal ein lineares Verständnis von Zeit suggeriert, ohne erkennbare Klärung, Differenzierung oder Definition der beiden Modellvorstellungen. Exemplarisch sei dies am zumeist zyklisch illustrierten Tagesablauf oder dem Jahreskreis verdeutlicht. Demgegenüber stehen unter anderem die sequenzielle Abfolge der Wochentage und Monate, die zeitstrahlgestützte, subjektive Lebensspanne (Leporello) oder auch der Kalender, wenn er bildlich als serielles Nacheinander umgesetzt wird. Abbildung 8.2 stellt beide Grundideen zeitlicher Veranschaulichungen in repräsentativen Beispielen gegenüber.

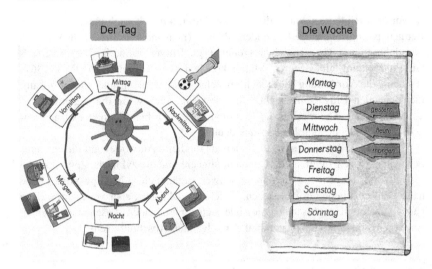

Abbildung 8.2 Repräsentative Gegenüberstellung einer zyklischen (links) und einer linearen Darstellung. Entnommen aus: (Birchinger et al. 2017, S. 138)

Es findet keinerseits eine Verknüpfung beider „Zeitformen" statt und das somit versäumte, didaktisch-pädagogische Potential eines flexiblen Verständnisses von Zeit liegt brach. Ein curriculares Fernziel kann und sollte es sein, diese grundverschiedenen, widerstrebenden Vorstellungen aufzugreifen, miteinander in Beziehung zu setzen und die wechselseitige Ergänzung zu einem sinnstiftenden Ganzen zu vereinbaren.

In Tabelle 8.1 sind einige wenige Ideen zum Thema „Zeit" aus den unterschiedlichsten Blickwinkeln und Wissenschaftsdisziplinen bruchstückhaft zusammengetragen, die sowohl zyklisch als auch linear beschrieben und interpretiert werden können – wenn nicht sogar müssen. Freilich verfolgen alle aufgeführten Aspekte eine didaktisch-pädagogische Intention und können in drei grob zusammengefasste Kategorien gegliedert werden:

Tabelle 8.1   Übersicht zyklischer und linearer Gesichtspunkte unterschiedlicher Themen zum Oberthema „Zeit"

Anschaulichkeit	Zyklisch	Linear
Subjektive Zeit-Philosophie		
Naturwissenschaften		
Geometrische Deutung	Kreis, endliche Spirale, aber keine Schleife	Strahl, Linie, Leiste, Gerade (Vergangenheit – Gegenwart – Zukunft)
	Abbildung 8.3 als „didaktische Fusion" (Wellenlänge, Phasen, Schübe usw.)	
Zugänge / Erlebbarkeit	Natürliche Perioden (Jahreszeiten)	Schuljahr, Geburtstage (z. B. Geschwister), 1. Male, Tode, Zeitkapsel
Mentale Repräsentationen (als „Stützpunktvorstellungen")	Konsekutive, sich überlagernde Jahresabläufe	Subjektives Alter, Lebensspanne
Philosophische Kosmologie	Zyklische Universa	Impliziert Anfangs-(Urknall) und Endpunkt, Unendlichkeitsprinzip
	„Pulsierende" Universen	
Zeitbewertung & subjektiv-emotionale Bedeutsamkeit	Gleichwertigkeit der Zeitdimensionen	Überbewertung der Zukunft bzgl. Einflussnahme
Kausalität und Determinismus	Sensibilisierung für Konsequenz durch Wiederkehrendes	Einmalig-/ Einzigartigkeit
	Linearer Fortschritt durch zyklische Wiederholung	
Kultureller Vergleich	Östliche Interpretationen (sich wiederholende Beständigkeit)	Westliche Interpretationen (Effizienz, Beschleunigung, Zeit als Ressource)
Modell-Analogien	Vereinbarung zweier sich scheinbar widersprechender Modelle	
Uhrzeitformate	Analoges Zifferblatt (Umlauf der Gestirne)	Parallelen zwischen Zeit- und Zahlenstrahl
Naturwissenschaft	Erhaltungsgedanke (Wiederkehr im selben abgeschlossenen System)	Assoziation: Irreversibilität

8.2.1 Anschaulichkeit

Im ersten inhaltlichen Themenblock steht vor allem die mentale Repräsentation der bildlich nicht (intuitiv) vorstellbaren Größe „Zeit" im Vordergrund. Von fundamentaler Relevanz ist dabei in erster Linie die geometrische Interpretation beider Zeitformen, die im zyklischen Bild kreisförmig und dem linearen Verständnis nach geraden- oder strahlartig verläuft. Am deutlichsten wird der Unterschied, wenn die in ihrer zeitlichen Abfolge scheinbar klar definierten Zeitdimensionen Vergangenheit, Gegenwart und Zukunft periodisch wiederkehrenden Ereignissen (natürlichen Ursprungs) gegenübergestellt werden. So stellen wir uns unsere subjektive Lebensspanne vermutlich eher als Linie denn als Kreis vor, während der Jahreszyklus mit sich stets wiederholenden Jahreszeiten und Monaten als regelmäßig wiederkehrender Kreisprozess wahrgenommen wird.

In den untersuchten und später noch zu besprechenden Schulbuchmaterialien werden ebenjene Vorstellungen begünstigt und sinnvollerweise eingeschliffen, wie es zyklisch am nahezu überall genutzten Jahreskreis und linear etwa an biographischen Elementen (Leporello, „Alt werden" etc.) gezeigt werden kann. Neben der Notwendigkeit des Auswendiglernens von Monatsnamen und -abfolge, kann hier zudem ein Anknüpfungspunkt geschaffen werden, indem die Entlehnung der Monate an die Mondphasen als *zyklisches* Ereignis hervorgehoben wird. Damit ist jedoch keine trockene Vertiefung in die Kalenderrechnung inklusive historischer Entwicklung gemeint. Vielmehr soll ein Fokus auf astronomische, seit Jahrmillionen vonstattengehende periodische Vorgänge gelegt werden, die das Leben auf der Erde und nicht zuletzt unsere Orientierung in und mit der Zeit am entscheidendsten geprägt haben: der Umlauf der Erde um die Sonne (Jahr), die Mondbahn um die Erde (Monat) und die Eigenrotation unseres Heimatplaneten, der uns als Tag-Nacht-Zyklus gewahr wird. Wir kommen also nicht umhin, uns selbst auch als Lebewesen zu betrachten, das sich als Organismus in seiner natürlichen Umgebung entwickelt hat und dem naturgemäße Lebenszyklen aufgeprägt worden sind. Es wäre also ein Widerspruch gegen die Evolution bzw. die Einbettung der Spezies Mensch in die Natur, würden wir uns von periodischen Abläufen vollständig abwenden.[2]

Die zuletzt genannten Naturzyklen lassen sich demnach täglich (Sonne), monatlich (Mond) oder viertel- bis volljährlich (Jahreszeiten) direkt erfahren und können als vertraut vorausgesetzt werden. Diesen externen, periodischen Abläufen können mit Ausnahme des Schlaf-Wach-Rhythmus' oder des weiblichen

---

[2] Angesichts des anthropogenen Klimawandels scheint dieser Umstand jedoch bedauerlicherweise zu oft in Vergessenheit zu geraten.

Menstruationszyklus' kaum interne, biologische Zyklen entgegengestellt werden, die sich physisch oder psychisch deutlich oberhalb der Bewusstseinsgrenze manifestieren. Allerdings können individuelle Unterschiede wiederkehrender Natur in Bezug auf tageszeitabhängige Faktoren konstatiert werden. Dazu zählen zum Beispiel Phasen des (subjektiv empfundenen oder objektiv nachgewiesenen) höchsten kognitiven Leistungsvermögens oder auch Stimmungsschwankungen jedweder Art – ob infolge des winterlichen Sonnenlichtmangels oder hormonell gesteuerter, tageszeitabhängiger Sensitivität (vgl. Lincoln 2001).

Die Erfahrbarkeit nicht-periodischer Ereignisse setzt zunächst voraus, diese als solche zu identifizieren. In dem hier vorgenommenen dichotomen Denkschema entsprechen lineare Ereignisse einer Vorstellung, die dem Gedanken des Fortschritts, der Einzigartigkeit oder auch der Unumkehrbarkeit am nächsten kommen. Unter der Berücksichtigung eines bewusst gewählten, stark subjektiven Schwerpunktes in der Grundschule, sind im schulischen Rahmen geeignete Beispiele für ebensolche Ereignisse das Schuljahr als Abfolge des einen auf das nächste Schuljahr, eigene Geburtstage oder Geburten von Geschwistern, die den – für das lineare Konzept elementaren – Fortschrittsgedanken lebensnah verkörpern.[3] Auch die seit Jahrzehnten bekannte „Zeitkapsel" – eine zu vergrabende Botschaft an sein zukünftiges Selbst – ist ein didaktischer Klassiker und trifft ebenjenen linearen Aspekt der fortschreitenden Veränderung und irreversibler Prozesse.

Der gestaltwandlerische Aspekt der Zeit zeigt sich zudem an der Art des Interesses: durchlaufen wir gedanklich das aktuelle oder bereits erlebte Kalenderjahre, so mag dies bevorzugt in typisch zyklischer Form geschehen. Dies entspricht einem Konzept konsekutiver, sich überlagernder Monats- und Jahresmuster, die subjektiv mit Inhalt gefüllt werden. Das sich stets wiederholende kalendarische Grundgerüst ist zyklisch die ökonomischste Denkvariante und fungiert als Hilfsvorstellungsschablone.

Die eigene Lebensspanne, die sich darin eingebettet vollzieht, wird mental vermutlich eher als Strecke visualisiert. So wird es auch zumeist in den Schulbüchern vermittelt und erscheint plausibel, da zum Beispiel ein Vorteil darin liegt, nicht das definitive Durchlaufen eines Zyklus festzulegen, wie es nur beim Kreis möglich wäre.

Abbildung 8.3 liefert einen denkbaren Vorschlag einer Kombination aus zyklischen und linearen Modellvorstellungen. Vorab sei erwähnt, dass die dort

---

[3] Das sich alljährlich wiederholende Grundmuster des Schuljahres kann selbstverständlich auch zyklisch betrachtet werden und bietet beispielsweise wertvolle Reflexionsanlässe, auf die wir noch zu sprechen kommen.

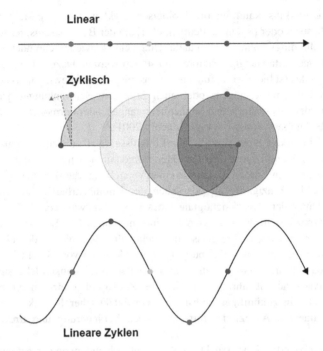

Abbildung 8.3 Gegenüberstellung linearer (oben), zyklischer (mittig) und kombinierter
Repräsentationen (unten) des Zeitverlaufs als Grundgerüst mentaler Modellvorstellungen zur
„Zeit"

aufgeführten drei Modelle (linear, zyklisch, gemischt) idealisiert sind, um die
zugrundeliegende Intention stärker zu betonen. Ebenso wenig soll damit suggeriert werden, die Zeit bzw. ihr Verlauf sei damit annähernd „richtig" oder
vollkommen beschrieben. Damit soll lediglich verdeutlicht werden, wie sich nach
persönlicher Überzeugung des Verfassers ein anschaulicher Kompromiss aus beiden „Zeitformen" darstellen lässt, der sowohl die zyklische Wiederkehr als auch
den linearen Fortschritt transportiert. Es sei aber auch darauf hingewiesen, dass
genügend Beispiele existieren, die immer noch am besten im rein linearen oder
zyklischen Bild veranschaulicht werden. Die Mischform beider Konzepte kann
nur eine Anregung sein.

Diese im unteren Bereich befindlichen „Linearen Zyklen" versinnbildlichen
also den steten, gerichteten Fortgang der Zeit in periodischer „Bewegungsart".
Bekannt ist diese äußere Form zum Beispiel von Sinusfunktionen, die in der

Mechanik insbesondere bei Schwingungen als Resultat einer projizierten Kreisbewegung interpretiert und zur besseren Verständlichkeit in einem derartigen
Diagramm dargestellt werden können. Die harmonische Periode in ihrer konstanten Asymptote ist freilich ebenfalls
dem Anschauungszweck unterworfen. Welche sinnstiftenden Chancen sich auf-
tun können, stellt man sich den Lauf der Zeit als ein Wechselspiel periodischer
Phasen und linearem Fortgang vor, zeigt das nächste Kapitel.

8.2.2 Theoretische Grundlage zum Philosophieren mit Kindern

Selbstredend birgt das Thema „Zeit" auch philosophisches Potential für die
Schule. In Anbetracht des möglichen Abstraktionsgrades der unten exemplifizier-
ten Themen für Kinder der Grundschule, sei hier erneut auf die oben umrissenen
kognitionspsychologischen Voraussetzungen aus Abschnitt 7.1 verwiesen. Da der
Übergang von der Grund- in die weiterführende Schule aufgrund der individuellen
Unterschiede eine neuralgische Phase in der Entwicklung des Zeitbewusstseins
darstellt, sind die im Folgenden präsentierten Unterrichtsanregungen auch von
großem Interesse für die Behandlung in der Sekundarstufe I. Doch auch für die
Primarstufe lassen sich interessante, philosophische Aspekte zum Thema „Zeit"
aufgreifen (für den deutschsprachigen Raum z. B. Michalik 2012 oder Calvert
1999), die in diesem Kapitel um lohnenswerte Ideen erweitert werden.

Zuvor soll jedoch in aller notwendigen Kürze theoretische Vorarbeit geleistet werden, die die Chancen, Anforderungen und Grenzen des „Philosophierens
mit Kindern" insbesondere in den Grundschuljahren summarisch umreißt. Neben
empirischen Untersuchungen, die sich bezüglich ihrer Erfassbarkeit auf phi-
losophischem Terrain ohnehin ungleich komplizierter gestalten als bei rein
quantitativen Settings, sollen dabei Handlungsempfehlungen und Einstiegshilfen
für philosophiedidaktisch unbewanderte Anfänger*innen einfließen.

Philosophieren mit Kindern:
Auf Grundlage der von LIPMAN & SHARP geprägten amerikanischen Bewegung
„Philosophy for Children" (international häufig abgekürzt mit: „P4C", Lipman
1986) entstand in den späten 1960er-Jahren erstmals ein didaktischer Ansatz des
Philosophierens mit Kindern. In den Folgejahrzehnten erfreute sich diese Idee
zahlreicher Anhänger*innen und sorgte dafür, dass „...sie weltweite Verbreitung

gefunden und qualitativ hochwertige theoretische und praktische Arbeiten hervorgebracht hat" (vgl. Sprod 2017, S. 12), die den philosophischen Austausch mit Kindern aller Altersklassen anregen und unterstützen sollen.

Im Verlaufe der Jahre kamen berechtigte Zweifel auf, ob Kinder im Grundschul- oder sogar Vorschulalter überhaupt in der Lage seien sich philosophisch zu betätigen – geschweige denn, davon in irgendeiner Art und Weise zu profitieren. Ebenjener Frage gingen zum Beispiel SIDDIQUI et al. in einer breit angelegten, aktuellen Untersuchung nach (2019), ob und wie sich „*P4C interventions*" positiv auf sogenannte „non-cognitive skills" auswirken, die im wirtschaftlichen Kontext auch als „soft skills" oder im curricularen Zusammenhang als sozial-emotionale Kompetenzen bezeichnet werden. Dazu gehören zum Beispiel Persönlichkeitseigenschaften, wie Kommunikation und sozialer Umgang, Teamwork und Resilienz, Empathie, Gerechtigkeitsvermögen u.v. a.m.

Im Vergleich zu den konventionell unterrichteten Kontrollgruppen konnten zu allen genannten Aspekten schwach-positiv ausgeprägte Effektstärken nachgewiesen werden (vgl. Siddiqui et al. 2019, S. 146). Ergebnisse anderer Forschungsgruppen deuten in die gleiche Richtung, die Auswirkungen auf kognitiver (kritisches und kreatives Denken), emotionaler (z. B. Haltung gegenüber Schule) und sozialer Ebene (Empathie, generelle Aufmerksamkeit) nach philosophischen Kursen im Grundschulbereich festgestellt haben (vgl. Sprod 2017, S. 15).[4] Neben der quantifizierten Datenfülle geben aber vor allem die übereinstimmenden Berichte partizipierender Lehrkräfte Aufschluss über das reichhaltige Potential philosophischer Begegnungen. Aus ihren Berichten geht teilweise hervor, dass P4C-Interaktionen langfristig zu einer Steigerung des Selbstbewusstseins geführt haben, die sich besonders im kritischen Denken und Argumentieren offenbarten (vgl. Ils 2017, S. 45; Siddiqui et al. 2019, S. 146; Sprod 2017, S. 15).

Weitere Vorteile philosophischer Gesprächsformen mit Kindern sind die Entwicklung ihrer Ausdrucksfähigkeit, die Zunahme der Gesprächsbeiträge und die Sensibilisierung für Toleranz. Besonders letztere Fähigkeit stärkt Kinder darin, Meinungsverschiedenheiten nicht nur zuzulassen, sondern auch zu respektieren (vgl. Ils 2017, S. 45). In jungen Jahren mag die eigene Meinung noch elastischer und wandelbarer sein als im späteren Verlaufe des Lebens. So wurde auch beobachtet, dass sich Kinder sehr kritisch-konstruktiv in philosophischen Diskussionen einbringen, indem sie zustimmen, widersprechen oder die von anderen geäußerte Grundidee aufgreifen und weiterentwickeln (vgl. Ils 2017, S. 46).

---

[4] Für einen großwinkligen Überblick auf die empirische Datenlage von internationaler Reichweite sei auf folgende Quelle verwiesen: Rollins Gregory et al. (2016).

Der Sinn eines neuen (Lehr-) Ansatzes muss neben seinem aufgezeigten Potential und den nutzbringenden pädagogischen Effekten immer auch an seinen Anforderungen gemessen werden, denen sich ungeübte Lehrkräfte und Philosophiedidaktik-Novizen gegenübersehen. ILS misst der Haltung der pädagogischen Fachkraft eine besondere Bedeutung bei und betont bei Anfänger*innen das behutsame Nachfragen, das Kinder zum Beispiel dazu auffordert, ihre Äußerungen näher auszuführen („Wie meinst du das?", „Woran merkst du das?", usw.) (vgl. Ils 2017, S. 46). Es soll eine „austauschfreundliche Atmosphäre" (ebd.) – inspiriert nach LIPMANS „Community of inquiry" (philosophische „Forschungsgemeinschaft") – hergestellt werden, bei der der Erwachsene den Kindern gegenüber ein*e gleichwertige Gesprächspartner*in und aktive Zuhörer*in ist (vgl. ebd.). SPROD führt weitere moderative Voraussetzungen an, über die eine Lehrkraft verfügen müsse, um ein philosophisches Gespräch zu leiten: neben der elementaren Sachkenntnis und geeignetem Lehrmaterial spielt der Einfallsreichtum bei der Vorbereitung eine zentrale Rolle, damit sich die Lehrperson Gedanken über einen möglichen Diskussionsverlauf und geeignete Fragen machen könne (vgl. Sprod 2017, S. 15). Schlussendlich nennt er mit Geduld und Durchhaltevermögen zwei Tugenden, an denen viele Lehrkräfte womöglich bereits im Vorfeld oder früh scheitern. Diese Wesenszüge müssen des Weiteren also noch um die Innovationsfreude ergänzt werden, die es braucht, um sich auch als Lehrkraft immer mal wieder – in periodischen Zyklen? – methodisch und inhaltlich neu auszuprobieren.

Einen überaus interessanten Aspekt für die Legitimation philosophischer Elemente im naturwissenschaftlichen Unterricht der Sekundarstufe 1 stellt die anhaltende Vernachlässigung der Kompetenzbereiche „Kommunikation" und „Bewerten" dar, die auch nach Jahren der Einführung bei vielen Lehrkräften naturwissenschaftlicher Fachrichtungen angesichts der vagen Formulierungen in den Bildungsstandards mit großen Unsicherheiten behaftet sind (vgl. Höttecke 2013, S. 5; Trendel & Dobbelstein 2013, S. 18). Schon der Begriff „Bewerten" hat massive Missverständnisse ausgelöst, wie es empirische Forschungen über Vorstellungen von Lehrkräften zu diesem Kompetenzbereich aufdeckten (vgl. Höttecke 2013, S. 5). Parenthetisch sei angemerkt, dass Schüler*innen eine methodisch-didaktische Ausrichtung zu einem kommunikativeren Unterricht laut einer Umfrage deutlich begrüßen, wonach die Diskussion die mit Abstand beliebteste Tätigkeit ist (vgl. Merzyn 2008, S. 55).[5]

---

[5] Zur vollständigen Entfaltung der fachdidaktischen Diskussion sei auf folgende Literatur verwiesen: Höttecke (2013, S. 7); Trendel & Dobbelstein (2013, S. 18); Wodzinski (2010, S. 4).

Eine Erschwernis im praktischen Umgang mit dem Bereich „Bewerten" entstehe unter anderem in fachbezogenen Diskussionen, in deren Zuge Kommunikations- und Bewertungskompetenzen kaum trennbar seien (vgl. Wodzinski 2010, S. 4). Der Mangel an breitflächiger Akzeptanz der Lehrer*innenschaft kann auch damit erklärt werden, dass Unklarheiten darüber herrschen, wie die angesprochenen Kompetenzbereiche mit der Beurteilungspflicht in Einklang gebracht werden können (vgl. ebd.). Jenseits solcher Bewertungskorsagen können philosophisch-kommunikative Exkurse jedoch Möglichkeiten offenbaren, die beide Kompetenzbereiche miteinander verbinden.

Im philosophischen Themenfeld kommen Diskussions- und Argumentationsfähigkeiten zum Tragen, die sowohl fachliche, kommunikative als auch bewertende Anforderungen beinhalten. Wie fruchtbar dieser rege Gedankenaustausch grundsätzlich sein kann, wurde oben bereits literaturgestützt ausgeführt. Man stelle sich diskussionsgeschulte Grundschulkinder vor, deren kritische Geisteshaltung früh geweckt und deren Potentiale in weiterführenden Schulen auf höheren fachlichen und reflexiven Ebenen ansprechend ausgeschöpft und weiter gefördert würden. Der Themenkomplex „Zeit" scheint dafür trotz seines bisher bloß als Randthema wahrgenommenen Charakters und seiner missverstandenen Trivialität nicht zuletzt angesichts seiner Vielfältigkeit einer der geeignetsten zu sein.

8.2.3   Subjektive Zeit-Philosophie

AN EINER DER Wände in meinem Zimmer hängt eine schöne alte Uhr, die leider nicht mehr geht. Ihre Zeiger sind schon vor ewigen Zeiten stehengeblieben und zeigen ununterbrochen dieselbe Uhrzeit an: Punkt sieben Uhr. Die meiste Zeit ist diese Uhr nur ein nutzloser Schmuck an einer leeren weißen Wand. Trotzdem gibt es zwei Momente am Tag, zwei flüchtige Augenblicke, in denen die alte Uhr aufzuerstehen scheint wie Phönix aus der Asche.

Wenn alle Uhren der Stadt in ihrer einwandfreien Gangart sieben Uhr anzeigen und ihre Kuckucks und Läutwerke sieben Mal ihren Klang vernehmen lassen, scheint die Uhr in meinem Zimmer langsam zum Leben zu erwachen. Zweimal am Tag, morgens und abends, fühlt sie sich in komplettem Einklang mit dem Rest des Universums.

Jemand, der die Uhr in genau diesen Momenten ansieht, müsste denken, dass sie perfekt funktioniert. . . Aber sobald dieser Moment vorbei ist, wenn die übrigen Uhren ihren Klang einstellen und die Zeiger weiter ihren monotonen Gang gehen, verliert meine Uhr ihren Schritt und verharrt treu dort, wo sie einst stehengeblieben war. Ich mag diese Uhr. Und je mehr ich von ihr rede, desto lieber wird sie mir, weil mir immer deutlicher wird, wie sehr ich ihr ähnele.

Auch ich bin irgendwann einmal stehengeblieben. Auch ich fühle mich starr und unbeweglich. Auch ich bin irgendwie bloß nutzloser Schmuck an einer leeren Wand. Aber ich genieße auch diese flüchtigen Momente, in denen auf mysteriöse Art meine Stunde gekommen ist. Dann fühle ich mich sehr lebendig. Alles scheint mir klar und die Welt ein wunderbarer Ort. Ich kann schöpferisch sein, träumen, fliegen und mehr fühlen und sagen als in der ganzen übrigen Zeit. Solche Momente glücklicher Übereinstimmung gibt es immer wieder, in unbeirrbarer Folge.

Beim ersten Mal habe ich versucht, diesen Augenblick anzuhalten, damit er für immer bleibe. Aber es war vergeblich. Wie meinem Freund, der Uhr, entschwand auch mir die Zeit der anderen. Waren diese Momente vorbei, gingen die anderen Uhren in den anderen Menschen weiter ihren Gang, und ich kehrte zu meiner todesstarren Routine zurück. Zu meiner Arbeit, meinen Kaffeehausgesprächen, ich ging weiter meinen langweiligen Trott, den ich gewohnheitsmäßig Leben nannte. Aber ich weiß, dass Leben etwas anderes ist. Ich weiß, dass das wahre Leben die Summe solcher flüchtigen Momente ist, in denen wir uns im Einklang mit der Welt fühlen.

Fast jeder bedauernswerte Mensch glaubt, dass er lebt. Es gibt bloß einzelne Momente der Fülle, und diejenigen, die das nicht wissen und daran festhalten, immer leben zu wollen, werden an die graue und immergleiche Alltagswelt festgekettet bleiben.

Deshalb mag ich dich, alte Wanduhr. Weil wir gleich sind, du und ich. (Bucay 2008, S. 216-218)

Der Themenblock „Subjektive Zeit-Philosophie" aus Tabelle 8.1 rückt Fragestellungen in den Vordergrund, die sich unter anderem im Überschneidungsbereich von emotionalen, kulturellen, ökologischen, sozialen oder auch metaphysischen Aspekten der Zeit befinden. Der Phantasie sind im Sinne einer Fortführung der Basisgedanken freilich keine Grenzen gesetzt. Die Subjektivität ist in diesem Rahmen Ausgangspunkt und Ziel zugleich, da überwiegend über die eigene „Befindlichkeit" in der Zeit reflektiert und Gedanken angeregt werden sollen, bisher als selbstverständlich angenommene zeitliche Abläufe und Ereignisse erstmals zu hinterfragen. Ein beispielhafter Ausgangspunkt kann die zuvor zitierte Geschichte der defekten Wanduhr sein, die neue Aspekte in der Betrachtung der subjektiven Zeit aufzeigen kann.

Im Zentrum aller Betrachtungen stehen jedoch stets die individuellen Auslegungen nach zyklischem und linearem Verständnis von Zeit, wenngleich damit aber auch ein ausgewogener Kompromiss beider Anschauungsformen nahegelegt werden kann.

Ein interessanter Gedanke liegt beispielsweise der „Zeitbewertung" zugrunde, die je nach zyklischer oder linearer Interpretation unhinterfragt einen nicht zu unterschätzenden Einfluss auf die persönliche Zeitwahrnehmung bewirken kann. Im linearen Zeitbild kann die Zukunft zu etwas Bedeutungsvollerem erhoben werden, da sie uns zeitlich noch bevorsteht und ihr der Eindruck der Beeinflussbarkeit anhaftet.[6] Die Vergangenheit stellt dabei den Gegenentwurf dar und wird als unabänderliche Unumstößlichkeit empfunden, einzig der eigene Verstand manipuliert subjektive Erinnerungen – etwa aus der Kindheit, von deren Wahrheitsgehalt wir unser Leben lang fest überzeugt waren, die jedoch auch trügerisch sein können. Aus diesem Grund sind Behauptungen über gemeinsam erlebte Ereignisse hinsichtlich ihrer objektiven Tatsächlichkeit zumindest zu hinterfragen (vgl. Volbert 2004, S. 13).

Die begrenzte Möglichkeit der Einflussnahme auf künftige Begebenheiten beruht auf der Gerichtetheit des Zeitpfeils von der Vergangenheit in die Zukunft, deren infinitesimale Schnittstelle wir als Gegenwart bezeichnen. Aus dem Potential zur grenzenlos freien Gestaltung der Zukunft kann jedoch auch eine Geisteshaltung erwachsen, die auf maximale Ausbeutung und Kontrollwahn über die Zeit abzielt. Mit der westlichen Industrialisierung und der technischen Perfektion der Zeitmessung sind wir diesem Extrem schleichend, aber entschieden einen großen Schritt nähergekommen und sind heutzutage modern-zivilisatorisch derart zeitlich indoktriniert, dass wir uns ein Leben ohne Uhr überhaupt nicht vorstellen können, geschweige denn möchten. Kulturell-historische Ursprünge dieser Entwicklungen können an dieser Stelle nur angedeutet werden.

Neben allen berechtigten und notwendigen Vorteilen der hochpräzisen Zeitmessung für Industrie, Wissenschaft und auch das strukturierte gesellschaftliche Zusammenleben, sollte ein kritischer Blick auf die sozialen Entbehrungen gerichtet werden, auf deren Kosten die Vorteile einer stets auf linearen Fortschritt gerichteten Vorstellung von Zeit erkauft worden sind. Solche Nebenwirkungen äußern sich beispielsweise in der kollektiv eher negativ wahrgenommenen, allzeitlichen Verfügbarkeit, die im Alltag durch das Smartphone nur noch verstärkt worden ist (vgl. Strobel 2013). Die Ursache für das im schlimmsten Fall sogar gesundheitsschädliche Gefühl liegt allerdings nicht im technologischen Fortschritt, sondern womöglich vielmehr in der eigenen Haltung und dem Umgang mit seiner Arbeits- und/oder Freizeit begründet.

Die einseitige Konzentration auf das lineare Grundbild der Zeit, die etwa den Forscher*innengeist zu intellektuellen Höchstleistungen antreibt, suggeriert eine Auffassung von Zeit als (aus-) nutzbare Ressource. Interpretiert man diesen

---

[6] Philosophische Interpretationen der Allgemeinen Relativitätstheorie legen nahe, dass die von uns konstruierte Zeitkomponente „Zukunft" allerdings gar nicht so ungewiss und ergebnisoffen sein könnte, wie wir uns das dem alltäglichen Selbstverständnis nach vorstellen. Für lebenspraktische Maßstäbe, die hier im Vordergrund stehen, spiele die relativistische Akkuratesse jedoch keine Rolle.

Gedanken extrem, folgen im Umkehrschluss daraus die in unserer Alltagssprache fest etablierten Sprechweisen zum Zeit*verlust*, die einerseits die Kostbarkeit der Zeit betonen, aber andererseits ein unbehagliches Gefühl vermitteln. Dahinter verbirgt sich offenbar ein fortwährender Bewertungsprozess, der jeder Tätigkeit eine zeitliche Qualität beimisst.

Die Fallunterscheidung ist hier besonders interessant: im positiven Fall einer durchlebten Handlung rückt die Handlung selbst in den Vordergrund und wird als bereichernd wahrgenommen. Im negativen Fall hingegen sprechen wir häufig zusätzlich von „Zeitverschwendung", woran sich zeigt, dass „Zeit" im alltäglichen Sprachgebrauch vor allem im Zuge negativ konnotierter Erfahrungen und Emotionen in Erscheinung tritt: Zeitverschwendung, Zeitverlust, Zeitmangel, Zeitnot, Zeitstress, Zeitdruck, zeitlicher Engpass, zeitraubend, Zeit totschlagen, Zeit *vertreiben [als wäre sie ein Dämon]*, Zeitstrafe, Zeitfresser, Zeitdiebe, Zeitbombe, Zeitlimit, Zeitspiel, Zeitverzug, Zeitvergeudung, Zeit verplempern, „Seine Zeit ist gekommen" etc.

In der zyklischen Vorstellung von Zeit, die von rhythmischen Abläufen durchsetzt ist, existiert keine ausgezeichnete Richtung. Im Kontrast zur linearen Zukunftsorientierung werden die Zeitdimensionen Vergangenheit, Gegenwart und Zukunft als gleichwertig wahrgenommen. Daraus können freilich auch Vorzüge der Zukunft hervorgehen, vor allem, weil die Wiederholungscharakteristik die künftige Wiederkehr bestimmter Ereignisse sozusagen garantiert. Darüber hinaus kann aber aufgrund der erwähnten Gleichwertigkeit der Blick ebenso auf das Konstrukt „Vergangenheit" gerichtet und Reflexionsanlässe geschaffen werden. Ein Lern*fortschritt* ohne ihn mit einem früheren Zustand zu vergleichen erscheint unsinnig. Dies soll jedoch nicht erneut allein der Zukunftsplanung dienen, sondern Handlungsalternativen für die Gegenwart aufzeigen, etwa: „Wie habe ich mich bisher in Situation XY verhalten und was habe ich mit diesem Verhalten bewirkt?".

Als Ergänzung zur zuvor besprochenen intellektuellen „Zeitbewertung" sei noch die *subjektiv-emotionale Ebene* in der persönlichen Beurteilung erlebter Zeit ausgeführt. Im Zentrum dieses thematischen Ansatzes stehen vor allem reflexive Anregungen bezüglich persönlicher Rhythmen, die die kognitive, aber auch die physische Leistungsfähigkeit betreffen. Im Rahmen westlicher Leistungsorientierung, die bereits in der Schule durch Zensuren und die Bewertungspflicht deutlich in Erscheinung tritt, spielen Konkurrenzdenken, Fortschritt und Wettbewerb eine elementare Rolle. Das lineare Zeitmuster kann dazu als formale Begründung herangezogen werden, indem es für notwendige, externe Motivationsimpulse sorgt, die zur Verfügung stehende Zeit optimal zu nutzen. Diese Linearität hat jedoch auch das Potential zur subjektiv empfundenen Erbarmungslosigkeit, da die Zeit wie in der Sanduhr unwiderruflich zu verrinnen und irgendwann „abgelaufen" zu sein scheint. Daraus kann wiederum der Irrglaube an ein kontinuierliches Leistungsniveau erwachsen, das der stetigen, idealisierten Linearität der Zeit entspricht. In dieser, hier bewusst überakzentuierten Vorstellung finden eminent wichtige Ruhe- und Erholungsphasen keinen Platz.

Die periodische Perspektive kann die Wahrnehmung für eigene Zyklen herausbilden bzw. schärfen und vermittelt eine ausgeglichene Bewertung natürlicher Vorgänge. Auf dem Weg dieser philosophischen Selbsterkundung lautet das Fernziel, die eigene Leistungsfähigkeit *in Phasen* zu begreifen und auf diese Weise wissen zu können, wann und wie geistige oder körperliche Höchstleistungen von sich verlangt werden sollten, und wann der geleisteten Arbeit in Form von Erholungspausen Tribut zu zollen ist. Die Betonung ausbalancierender Ruhephasen darf dabei freilich nicht als Rechtfertigung von ausgedehnter Faulenzerei missverstanden werden und schult demzufolge ebenfalls schon im Grundschulalter das Reflexionsvermögen (Tabelle 8.2).

Ein weiterer philosophischer Eckpfeiler ist die Beziehung zwischen Ursache und Wirkung: die Kausalität. Vor allem zeitlich gesehen hält das Kausalitätsprinzip viele interessante Aspekte bereit, die es sich unter zyklischen *und* linearen Blickwinkeln zu betrachten lohnt. Es erscheint weiter sinnvoll, dieses vielschichtige und abstrakte Thema näher einzugrenzen, indem ein pädagogisch-didaktisch wertvoller Schwerpunkt in der frühen Bildung gewählt wird. Ein Vorschlag kann ein ökophilosophischer Ansatz sein, der auf die Sensibilisierung für den (eigenen und kollektiven) verantwortungsvollen Umgang mit der Umwelt und der Natur abzielt. Im Sinne des Kausalitätsprinzips können im zyklischen Bild der Zeit die Konsequenzen früherer Handlungen besser verdeutlicht und verstanden werden, da man schließlich immer wieder an denselben „Zeitort" (bzw. Tag/ Woche/ Monat/ Jahreszeit/ Jahr) zurückkehrt. In der linearen, stets progressiv und ausschließlich nach vorn gerichteten Denkweise hingegen bleibt über Bord geworfener Gedankenabfall im buchstäblichen Sinne auf der Strecke, mit dem sich nicht weiter beschäftigt werden muss – getreu der Redensart: „Nach mir die Sintflut!".[7] Hier kommen unter anderem sehr wirkungsvolle, egoistische

---

[7] Als für Schüler*innen greifbare Themen können beispielsweise die Umweltverschmutzung, die Vermüllung der Weltmeere, CO_2-Ausstoß in die Atmosphäre usw. genannt werden. Alle Beispiele haben gemeinsam, dass die möglicherweise verheerenden Konsequenzen des eigenen Verhaltens erst weit in der Zukunft liegen – und erst nachfolgende Generationen betreffen könnten. So können im rein linearen Zeitbild gegenwärtige Probleme in die Zukunft transferiert werden, ohne unangenehme Folgen befürchten zu müssen.

Tabelle 8.2 Anregungen zu philosophischen Fragestellungen, die sich mit zuvor behandelten Aspekten zyklischer und linearer Zeitanschauungen beschäftigen

Thema	Fragestellung	Ziel
Zukunftsüberbewertung	· Welche „Zeit" magst du lieber: Vergangenheit, Gegenwart oder Zukunft? Und warum?	• Sensibilisierung für Gleichwertigkeit der Zeitdimensionen • Aufschluss über individuelle Zeitbetrachtung
Zeitgewinne	· Wann und wie hast du das letzte Mal Zeit *verloren?* Wann das letzte Mal *gewonnen?*	• Bewusstsein für sprachlichen Umgang und zeitlicher Bewertung schaffen
Selbsterkundung	· Was machst du zu bestimmten Zeitpunkten am Tag/ in der Woche/ … immer auf dieselbe Art und Weise? · Womit willst du am liebsten deine Zeit verbringen?	• Die Frage ist individuell wandelbar zu gestalten, Ziel: auf eingeschliffene Abläufe und deren kritische Neubewertung aufmerksam machen → zyklische Stagnationen erkennen
Subjektive Zyklen	· Wann bist du besonders fit/ konzentriert/ kreativ/ …? · Wann bist du besonders müde/ schwach/ schlecht gelaunt/ …?	• Persönliche Zyklen als solche erkennen • Reflexives Gespür für Leistungs- und Erholungsphasen wecken

Verdrängungsmechanismen zum Einsatz, die im weniger persönlichen, da sachstrukturierten Kontext leichter konfrontiert werden können. Im Mittelpunkt steht die Sensibilisierung der Eigenverantwortlichkeit.

„Wer beständig linear fortschreitet, kann seinen Müll getrost hinter sich liegen lassen, doch wer auf seinem Lebensweg wieder und wieder zyklisch an denselben Ort kommt, begegnet dort schnell seinem eigenen Müll. Die Veränderung des Denkens von der Zyklizität zur Linearität spiegelt sich in unserem Verhältnis zu Natur und Erde." (Brönnle 2018)

Am Rande des Oberbegriffs „Kausalität" kann der für Schüler*innen allgegenwärtige Prozess des Lernens hier ebenfalls kreativ entfaltet werden. Damit ist keine Annäherung an die maximale Lerneffizienz des Schulstoffs gemeint, sondern das Lernen als Lebensaufgabe des Menschen. In der Vorstellung der Zeit als Kreislauf spiegelt sich die Wiederholbarkeit wider, die für den Lernprozess charakteristisch sein kann. Die Symbolik des Kreises hat in diesem Zusammenhang jedoch das Defizit, dass er zu sehr den Anschein der Stagnation suggeriert, wenn sich alles stets auf demselben Niveau wiederholt. Eine lineare Entwicklung findet dann statt, wenn die zyklische Periode dem sich einstellenden Lernerfolg entsprechend angepasst wird: *linearer Fortschritt durch zyklische Wiederholung.*

Eine weitere Idee für die philosophische Begegnung im Gespräch mit Kindern ist das Konzept des Determinismus. Anschaulich interpretiert verstehen wir die Vorbestimmtheit von Ereignissen im linearen Bild besser, da in der zyklischen Ewigkeit ein zeitliches Vorher und Nachher nur wenig Sinn ergibt. Die linear „vor" uns liegende Zukunft erweckt den Eindruck einer nahezu grenzenlos frei gestaltbaren Größe, woraus das Konstrukt – oder gar die Illusion – des freien Willens entspringt.[8]

Die oben bereits angesprochene Überbewertung der Zukunft misst der Willensfreiheit somit einen enormen subjektiven Stellenwert bei, die auf Kosten des Gegenwartserlebnisses aber auch überhandnehmen kann. Dem Kern der Botschaft dienend, könnte man in extremer Kontrastierung den unwiederbringlichen Charakter der Linearität und die Sicherheit zyklischer Periodik gegenüberstellen. Aus der Gewissheit wiederkehrender Gelegenheiten heraus kann sich eine druck- und zwangsbefreite Grundhaltung eröffnen, die nach streng linearer, fortschritts- und leistungsgetriebener Doktrin zuweilen herrschen kann. MARELLI SIMON bringt diesen Gedanken in ihren Beschreibungen zur dort genannten „Versäumnisangst" vieler Menschen treffend auf den Punkt, aus der das Bestreben entsteht „möglichst viel Weltenerfahrung in eine kurze Lebensspanne hineinzupacken" (Marelli Simon 2006, S. 1) (Tabelle 8.3).

---

[8] In der belletristischen Literatur gibt es eine interessante Kurzgeschichte, die dem menschlichen, linearen Zeitverständnis ein außerirdisches, kreisförmiges gegenüberstellt. In der Wahrnehmung dieser Aliens existieren Vergangenheit, Gegenwart und Zukunft zugleich, was sich unter anderem auch in ihrer Art der Kommunikation widerspiegelt. Sie nutzen ringförmige Logogramme, um sich schriftlich mitzuteilen und erzeugen den Satz nicht seriell von links nach rechts, sondern der Satz existiert gedanklich bereits in Gänze, wenn sie ihn beginnen. Eine solche Vorstellung von Zeit ist – zumindest nach menschlichem Ermessen – stark deterministisch geprägt (Chiang 2015). HILBERT hat dazu für höhere Klassenstufen einen tollen praxisorientierten Unterrichtsvorschlag entwickelt, der u. a. großes philosophisches Potential bereithält (Hilbert 2018, S. 55).

Tabelle 8.3 Anregungen zu philosophischen Fragestellungen, die sich mit zuvor behandelten Aspekten zyklischer und linearer Zeitanschauungen beschäftigen

Thema	Anregung	Ziel
Determinismus	· Aufgereihte Dominosteine. Fragen: Was beeinflusst deine Gedanken, Wünsche, Pläne. Vergangenes, Aktuelles oder Künftiges?	• Zum Anschauungszweck von kausalen Zusammenhängen im linearen Zeitbild von Vergangenheit, Gegenwart und Zukunft • Gegenwart als wandernder Dominoimpuls und „Wirkmedium" vergangener auf künftige Ereignisse
Lernen	· Wie oft musst du etwas wiederholen, wenn du etwas Neues (Vokabeln, Rechenregeln, Instrumente, etc.) erlernen möchtest? · Was glaubst du: wirst du eines Tages fertig mit „Lernen" sein?	• Subjektiven Blick für eigene Lernverhalten schärfen • Leben als fortwährenden Lernprozess begreifen
Freier Wille	· Wie viel und was entscheidest du im Alltag selbst? · Warum entscheidest du so und nicht anders?	• Verhältnis von Fremd- und Selbstbestimmung ermitteln • Für autonome Entscheidungsfreiheit sensibilisieren und diese stärken

Für kulturelle Unterschiede im Umgang mit der Zeit sollte ebenfalls bereits in der Grundschule sensibilisiert werden, um den Horizont der Schüler*innen frühzeitig zu erweitern und Reflexionsanlässe zu schaffen. Werden in jungen Jahren keine von der gesellschaftlichen Norm abweichende Alternativen aufgezeigt, verbleiben wir mit fortschreitendem Alter und hoher Wahrscheinlichkeit überwiegend im konventionellen Zeitverhältnis. Vor diesem Hintergrund erscheint eine frühzeitige Begegnung mit ebendiesen Themen als Präventions- oder „Ausgleichsmaßnahme" umso sinnvoller. Nicht zuletzt spielen Rituale im pädagogischen Arbeitsfeld eine überaus bedeutende Rolle, die im Grundschulbereich von großer Bedeutung sind, um die Kinder unter anderem mit schulischen Abläufen vertraut zu machen. Diese wiederkehrenden, zyklischen Muster sind also auch in der Schule direkt zu erfahren.[9]

Ursprüngliche, das heißt naturverbundene Völker pflegen ein Verhältnis zur Zeit, das sich an natürlich-periodischen Ereignissen orientiert. Sie richten ihr

---

[9] Über das große Potential von Ritualen und deren Bedeutung in der Grundschule schreibt beispielsweise Kaiser (2020).

Leben nicht nach kalkulierten Kalenderkonventionen aus, sondern machen es von konkreten, beobachtbaren Vorgängen (z. B. Herdenwanderungen, Witterungseinflüssen etc.) abhängig (vgl. Biebeler 2012). Die westliche Welt hat sich im Zuge ihrer Industrialisierung von Einflüssen der Natur und einem solchen zyklischen Zeitverständnis lösen und Zeit als Ressource umdefinieren müssen. Die daraus entstandene Vorstellung linearer, berechenbarer, möglicherweise gar zu kontrollierender „Labor-Zeit" kommt uns heute nahezu selbstverständlich vor, da wir gesamtgesellschaftlich linear und leistungsorientiert sozialisiert sind.

Wenn wir die zyklische und lineare Zeitvorstellung kulturell differenzieren möchten, drängt sich ein Vergleich östlicher und westlicher Weltanschauungen unter religiösen Aspekten auf. In der buddhistischen oder hinduistischen Lehre verkörpert vor allem der Glaube an die Reinkarnation den Gedanken der zyklischen Wiederkehr. Der Kreis ist demnach ein zentrales Symbol östlicher Philosophien. Westlichen Konfessionen hingegen (Christentum, Judentum, Islam) liegt ein lineares Zeitverständnis zugrunde, worin die Richtung und die serielle Abfolge stärker betont werden (vgl. Lassonczyk 2018).[10] Daraus erwächst unweigerlich die Entstehungsmöglichkeit der oben bereits erwähnten „Versäumnisangst" (Marelli Simon 2006, S. 1), die wir in der modernen Zivilisation immer mehr beobachten können. Eine Tendenz zur östlichen, zyklischen Zeitvorstellung offenbart großes Potential, um dieser teilweise erdrückenden Dominanz linearer Hast entgegenzuwirken und fungiert damit als Korrektiv, ohne jedoch einen Absolutheitsanspruch zu erheben:

> „Die zyklischen Weltbilder bringen Gelassenheit. Es geht nicht um die Zeit, die auf der Uhr steht (Uhrzeit-Kultur), sondern darum, wofür die Zeit „reif" ist, um die Zeit, die etwas braucht (Ereigniszeit-Kultur). In jedem Moment der Reife ist sowohl der Anfang als auch das Ende enthalten. Die Idee von der zyklischen Zeit bewahrt vor dem Empfinden von Verlust." (Biebeler 2012)

Am Rande sei dazu noch erwähnt, dass gut ein Drittel der befragten Menschen in einer psychologischen Studie angaben, im ersten Corona-Lockdown im Frühjahr 2020 die beste Zeit ihres Lebens gehabt zu haben (vgl. Invernizzi 2021). Die entschleunigende Erfahrung, von der die Befragten berichten, kann auch losgelöst von Lockdowns mit einem reflektierten Blick auf den Umgang mit der eigenen Zeit geleistet und gelernt werden (Tabelle 8.4).

---

[10] Wenngleich die genannten Religionen sich selbstredend auch wiederkehrender Rituale bedienen und somit zyklische Elemente aufweisen.

Tabelle 8.4 Anregungen zu philosophischen Fragestellungen, die sich mit zuvor behandelten Aspekten zyklischer und linearer Zeitanschauungen beschäftigen

Thema	Fragestellung	Ziel
Unterschiedliche „Uhr"-Zeiten	· „Europäer haben Uhren, Afrikaner haben Zeit" (Afrikanisches Sprichwort). · Wie interpretierst du dieses Sprichwort?	• Reflexion über subjektives Verhältnis zum Konstrukt „Uhrzeit" anregen
Naturentfremdung	· Wie oft und wann richtest du dich nach natürlichen Erscheinungen? (Sonnenaufgang, -untergang, beliebige Licht-Schatten-Konstellationen, usw.)	• Womöglich komplette Entfremdung des Biorhythmus' von Natur aufzeigen
Religion/ Spiritualität	· Woran glaubst du: wie stellst du dir die Zeit „nach" dem Tod vor? Gibt es so etwas überhaupt? · Was war vor dir? · Glaubst du, deine Taten haben Folgen? (Karma) Für ein nächstes Leben?	• „Karma" als Lebensbilanz guter und schlechter Taten als Orientierungskonzept vorstellen • Abstrakte, teils metaphysische Gedankenexperimente zum „Leben nach dem Tod"
Versäumnisangst	· Hast du schon mal Angst gehabt, etwas zu verpassen? (Bei Familie, Freunden, Freizeit, …) · Zeit eines Menschenlebens ist begrenzt: was würdest du einem Freund raten, wie er seine Zeit nutzen sollte?	• Aus dem Gleichgewicht geratene Zeitbewertung austarieren und ausgewogene Verteilung beider Zeitvorstellungen erörtern

8.2.4 Naturwissenschaften

Im Hinblick auf die psychologische Forschung mit Fokus auf die Entwicklung des Zeitbewusstseins bei Kindern ergibt sich, dass in der Grundschule mit einem durchschnittlichen Maximalalter von 10 bis 11 Jahren keinesfalls von homogenen kognitiven Voraussetzungen ausgegangen werden kann. Das Prinzip zeitlicher Irreversibilität zum Beispiel wurde im Rahmen einer Studie frühestens bei Kindern des 10. Lebensjahres ansatzweise verstanden (vgl. Carey 1985, S. 57). Auch hier darf freilich von keiner garantierten Gewissheit, sondern allenfalls von gesicherten Tendenzen gesprochen werden. Allerdings deckt sich dieser Altersbereich in etwa mit jenem, den Piaget für das Konzept der Reversibilität angibt (vgl. 7.1).

Auch im dritten und letzten Themenblock „Naturwissenschaften" können interessante Aspekte linearer und zyklischer Denkformen thematisiert werden, die die kognitiven Anforderungen von Grundschüler*innen jedoch teilweise übersteigen. Ähnlich wie bei der eingangs des Kapitels erwähnten theoretischen Vorstellung pulsierender Universa, setzt auch die hier herangezogene Analogie zwischen den erkenntnistheoretischen Modellen des Welle-Teilchen-Dualismus des Lichts und des zyklisch-linearen Zeitanschauungskonzepts anspruchsvolles abstraktes Denken voraus. Wie das Licht sowohl Teilchen- als auch Welleneigenschaften besitzt und nur mit beiden Theorien umfassend beschrieben werden kann, lässt sich der Zeitverlauf nach zyklischem *und* linearem Verständnis interpretieren. Freilich hinkt der Vergleich nach naturwissenschaftlichen Maßstäben, und doch soll damit die Mehrdimensionalität des Phänomens „Zeit" angedeutet werden.

Solche Querverweise innerhalb der Naturwissenschaft selbst können dabei helfen, Schüler*innen erkenntnistheoretische Grundmechanismen wissenschaftlichen Denkens aufzuzeigen. Darüber hinaus kann es dazu dienen, sogenanntes „Inselwissen" zu koppeln und in sinnstiftende Verbindungen zu überführen. Natürlich eignen sich solche Vorhaben primär für höhere Klassenstufen, aber auch bereits in der Spätphase der Sekundarstufe 1 ist es auf angemessenem Niveau vorstellbar, auf solche fachdisziplinübergreifende Parallelen hinzuweisen.

Der in Kapitel 4 ausführlich behandelte Gegenentwurf analoger und digitaler Uhrzeitformate kontrastiert den Unterschied zwischen zyklisch und linear verstandener Zeit besonders anschaulich an den äußeren Erscheinungsformen der Uhren. Die „assoziative Analogie" (Wiesing 1998, S. 8) zwischen dem scheinbaren Umlauf der Sonne und den rotierenden Zeigern der Analoguhr ist in dieser Arbeit bereits in aller Ausführlichkeit behandelt worden (vgl. 3.2.2.3).

Ein neuer Gedanke im Zeichen dieses Kapitels ist hingegen, auf die Parallelen zwischen Zeit- und Zahlenstrahl in der linearen Vorstellung hinzuweisen. Der Zahlenstrahl stellt im mathematischen Anfangsunterricht eine unverzichtbare visuelle Unterstützung dar, auf den auch beim Erlernen und Festigen von Rechenoperationen im Größenbereich „Zeit" zurückgegriffen wird. Da es dort freilich vornehmlich um Berechnungen von oder mit Zeit*punkten* geht, die im digitalen Format ausschließlich in bekannter Zifferform verschriftlicht werden, ist die gedankliche Verknüpfung des digitalen, abstrakten Formates mit dem Strahlendenken bei Schüler*innen wahrscheinlich. Auch Zeit*spannen* sind dort teilweise als Strecke mit Pfeiloperatoren veranschaulicht und fördern die lineare Zeitanschauung, wenn Differenzen von zwei Zeitpunkten bzw. Zeitspannen bestimmt werden sollen. Die Annahme, ein digital offerierter Zeitpunkt werde erst ins analoge Format überführt und dann bildlich eine Zeitspanne bestimmt, ist auch möglich, muss aber angesichts der dokumentierten Verbreitung digitaler und der heutzutage nicht mehr breitflächig beherrschten analogen Formate zumindest angezweifelt werden. Selbst die nach wie vor praktizierte Methode des anschaulichen Berechnens von Zeitspannen im Stile von Abbildung 6.2 mit der Zeigeruhr scheint diesem Umstand nicht entgegenwirken zu können.

Abschließend seien noch Prinzipien und Phänomene aus der Naturwissenschaft herausgestellt, die unter zyklischer bzw. linearer Perspektive Anschauungshilfen bereitstellen und so für Schüler*innen besser verstanden werden können.

Der Energieerhaltungsgedanke ist ein fundamentaler Satz der Physik, der besagt, dass sich die Gesamtenergie in einem abgeschlossenen System nicht ändert und somit zeitlich konstant ist. Die innerhalb dieses Systems ablaufenden physikalischen Prozesse wechseln also höchstens ihre Energieformen (mechanisch, thermisch, elektrisch, chemisch, usw.) und können ineinander überführt werden, ohne jedoch theoretisch die Energiegesamtbilanz zu verändern. Am Beispiel nahezu aller periodisch auftretender Naturereignisse lässt sich dies illustrieren, von heimatplanetarischen Wetterphänomenen bis hin zum stellaren Materiekreislauf, die allesamt zyklisch, und zuweilen chaostheoretisch beschrieben werden können. Auch andere Formen des Erhaltungsprinzips, etwa die Impuls-, Drehimpuls- oder Ladungserhaltung, eint die Voraussetzung eines konstanten Gleichgewichts aller inhärenten physikalisch Größen.

Der Kreis stellt im didaktischen Kontext die ideale Symbolisierung eines abgeschlossenen Systems dar und liefert einen erkenntniserleichternden Überblick für die noch unbewanderten Adressaten. Es sollen hier nicht alle wahrnehmungsdienlichen didaktischen Vorzüge des Kreismodells aufgeführt, sondern lediglich betont werden, dass es in der Naturwissenschaftslehre einen wertvollen Stellenwert besitzt. Viele Inhalte der Schulphysik werden sinnvollerweise mit Hilfe von Kreisläufen erklärt (z. B. Stromkreisläufe, Schwingkreise, Wirkungsweise des Kühlschranks, häusliche Heizungsanlagen, u. v. a. m.). Aus der Zyklizität des Erhaltungsgedankens geht schlussendlich eine der wichtigsten Erkenntnisse wissenschaftlicher Denkweisen hervor: es geht keinerlei Energie verloren und es entsteht auch keinerlei Energie aus dem Nichts.

Neben der zyklischen, zeitlich konstanten Auffassung als Mittel zur Veranschaulichung physikalischer Prozesse liegt manchen Phänomenen jedoch ein lineares Zeitverständnis zugrunde. Erst die sequenzielle Interpretation von Zeit verleiht der Unumkehrbarkeit (Irreversibilität) von bestimmten Ereignissen und auch der Entropieveränderungen im Allgemeinen ihren Sinn. Für andere physikalische, schulrelevant meist mechanische Betrachtungen sind primär Zeitpunkte von Interesse, die sich – ähnlich die Vergangenheit, Gegenwart und Zukunft – in ein Vorher, Jetzt und Nachher gliedern lassen. Für klassische Bewegungsgleichungen zum Beispiel braucht es einen zeitlichen Referenzpunkt, von dem aus Start-, Momentan- und Zielgeschwindigkeit berechnet werden könnten. Die Vorstellung eines linearen Zeitparameters ist dafür unabdingbar.

Schulbuchanalyse

9

Die nun folgende Schulbuchanalyse stellt den abschließenden Teil der Arbeit dar. Die zuvor im Laufe der Abhandlung zentralen Aspekte im Umgang mit dem Thema Zeit sollen am Beispiel der in Nordrhein-Westfalen zugelassenen Lehrmittel für den Sachunterricht umfänglich untersucht und analysiert werden. Im Vorfeld der Analyse wird zudem ein Überblick über die quantitative Verteilung zum Themenkomplex „Zeit" im Sachunterricht bereitgestellt.

Bereitgestellte Bildungsmedien – wie Bücher, Arbeitshefte und dergleichen – erscheinen besonders wertvoll, wenn es sich um Themengebiete handelt, die wenig bis keinen Raum im Studium einnehmen, da kein Grundwissen vorausgesetzt werden kann. Allerdings muss ohnehin bezweifelt werden, ob Inhalte – unter Voraussetzung der gebührenden Freiheit bei der Themengewichtung innerhalb des Sachunterrichtes – in den eigenen Unterricht einfließen, zu denen eine vielleicht lückenhafte, subjektive Distanz gepflegt wird. Wenngleich erwähnt werden muss, dass Eindrücke aus der Praxis die Vermutung nahelegen, dass meist mit Arbeitsblättern anstatt mit dem Buch gearbeitet wird (vgl. Niehaus et al. 2011, S. 29). Dies ist bedauerlich, da dort das Schulbuch die unterstützende Funktion für die Lehrkraft offenbar nicht leistet.

BÖLSTERLI et al. beispielsweise formulieren diverse Ansprüche an das Medium „Schulbuch" und nehmen dabei verschiedene Perspektiven ein. Aus der Sicht der Schüler*innen fordern sie im Sinne einer adressatensensiblen Aufbereitung der (naturwissenschaftlichen) Inhalte begleitende Strukturhilfen (vgl. Bölsterli et al. 2010, S. 142). Dabei kann es sich um Hilfestellungen aller Art handeln, etwa Zusatzinformationen, Umsetzungsanleitungen oder eben auch Bilder mit strukturierendem Schwerpunkt, um Lernende bei der thematischen Orientierung (innerhalb einer Fachdisziplin) zu unterstützen. Dabei fungieren sie als eine Art „Advance Organizer" (frei übersetzt: vorausblickende Orientierungshilfe) – ein Begriff aus dem lernpsychologischen Terrain und auch Didaktiker*innen

P. Raack, *Zeit und das Potential ihrer Darstellungsformen*, MINTUS – Beiträge zur mathematisch-naturwissenschaftlichen Bildung, https://doi.org/10.1007/978-3-658-43355-0_9

nicht mehr fremd –, im Kontext der Schulbücher des Sachunterrichts jedoch als bildliche Strukturierungshilfe zu verstehen.

Laut einer Studie von SCHOMAKER, die eine Stichprobengröße von n = 9000 Schulbücher umfasst, besitzen jedoch nur knapp 20 Prozent aller Bilder in Grundschulbüchern des Sachunterrichtes eine strukturierende Funktion. Dieser Wert erscheint vor allem in Bezug auf das Phänomen „Zeit" und dessen Herausforderung hinsichtlich seiner Veranschaulichung verbesserungsbedürftig.

Die nachfolgende Untersuchung ebenjener Schulbücher der Primarstufe stützt sich dabei auf die qualitative Inhaltsanalyse nach Mayring (Mayring 2010). Sie erlaubt sich jedoch zwingende, gegenstandsbezogene Anpassungen, da es sich überwiegend um eine Analyse illustrierter Veranschaulichungen und deren kontextuelle Einbettung handelt. Vor allem in den ersten beiden Grundschuljahren halten sich die rein textlichen Inhaltsanteile aus bekannten Gründen in Grenzen.

9.1 Das Phänomen „Zeit" im Grundschulunterricht und in den Kernlehrplänen

Bevor die Schulbuchanalyse genauer in den Blick genommen wird, soll eine kurze Einordnung zum (phänomenorientierten) Thema „Zeit" in der Fächerlandschaft der Grundschule vorgenommen werden. Neben den Zielsetzungen, die in den Kernlehrplänen zum Thema „Zeit" formuliert werden, rücken in diesem Abschnitt auch übergeordnete Bildungsziele ins Zentrum der Betrachtung. Daraus wird unter anderem hervorgehen, warum der Schwerpunkt der Analyse klar auf den Lehrmitteln des Sachunterrichtes und nicht auf jenen des Mathematikunterrichtes liegt.

Das Thema „Zeit" muss im Kernlehrplan für Grundschulen in Nordrhein-Westfalen inhaltlich fächerdifferenziert betrachtet werden:

Im Fach Mathematik befindet sich das Thema in den „inhaltsbezogenen Kompetenzen" (Nordrhein-Westfalen 2008, S. 58) unter „Größen und Messen" (ebd.). Die Erwartungen an den Mathematikunterricht zum Thema „Zeit" am Ende der 4. Klasse lauten: „Die Schülerinnen und Schüler lesen Uhrzeiten auf analogen/digitalen Uhren ab" (Nordrhein-Westfalen 2008, S. 65). Mit anderen Worten: die Schülerinnen und Schüler sollen im Mathematikunterricht dazu befähigt werden, analoge und digitale Uhren lesen zu können.

Die Uhr, gleich welchen Formates, soll beherrscht werden, inklusive aller damit einhergehenden alltagsrelevanten Operationen (z. B. Vor- und Zurückrechnen mit der Uhr), ohne jedoch das zugrundeliegende Phänomen „Zeit" zu beleuchten. Dies soll und *kann* der Mathematikunterricht freilich nicht leisten.

Das mathematische Augenmerk liegt – der Fachdisziplin entsprechend – unter anderem auf der Technik des Ablesens der Uhren, dem Identifizieren von Zeitpunkt und Zeitspanne, dem sicheren Transfer von analogen und digitalen Uhrzeiten, den Bruchbezügen auf Grundlage der Zeigeruhr, u.v. a.m.

Im Sachunterricht wird das Thema „Zeit" dem Teilbereich „Zeit und Kultur" subsumiert, welcher einen von fünf thematischen Hauptbereichen des Sachunterrichtes darstellt:

- Natur und Leben
- Technik und Arbeitswelt
- Raum, Umwelt und Mobilität
- Mensch und Gesellschaft
- Zeit und Kultur (Nordrhein-Westfalen 2008, S. 40).

In der näheren Erläuterung dieses Teilbereichs – der übrigens treffender mit „Zeit, Kultur und Medien" überschrieben wäre – wird der Größe „Zeit" der erste Absatz gewidmet. Darin werden „zeitbezogene Orientierungshilfen" erwähnt, die auf den „sachgerecht[en]" Umgang mit „Zeit, Zeiträumen und Zeiteinteilungen" abzielen (vgl. Nordrhein-Westfalen 2008, S. 42). Möchte man dies womöglich noch unter eine alltagsrelevante, objektive Zeit-Pragmatik ordnen, bezieht sich der Schlusssatz dieses sehr kleinen Passus deutlich auf Zeit als auch subjektives Phänomen: „Eigene biografische und episodische Zeiterfahrungen sind dabei die Grundlage für ein sich entwickelndes Zeitverständnis." (Nordrhein-Westfalen 2008, S. 42).

In der Einleitung der Kompetenzerwartungen im Bereich „Zeit und Kultur" fällt im Zusammenhang mit „Zeit" zum ersten und einzigen Mal der Begriff „Bewusstsein" (Nordrhein-Westfalen 2008, S. 49), das Schüler*innen für „Zeit und Zeiträume" entwickeln (ebd.). In den tabellarisch aufgeführten Kompetenzen, die am Ende der Schuleingangsphase und Klassenstufe 4 von den Schülerinnen und Schülern erreicht werden sollen, verlagert sich der inhaltliche Schwerpunkt hingegen wieder von wenig subjektiv:

„...können unterschiedliche Zeiteinteilungen und Zeitmessungen sachgerecht verwenden (z. B. *Uhrzeit, Stundenplan, Tagebuch, Jahreszeiten, Jahreskalender*) [Hervorhebungen im Original]" (Nordrhein-Westfalen 2008, S. 49),

bis stark objektiv:

„...erstellen eine chronologisch sortierte Übersicht zur Geschichte der eigenen Stadt
(z. B. Gemeinde, Stadtteil)" und „gestalten gemeinsam eine Feier, ein jahreszeitliches
Fest" (ebd.).

Die voranstehende Absicht der Entwicklung eines Zeitbewusstseins bleibt
unscharf und findet – wenn überhaupt – nur vage Einzug in ausformulierte Kompetenzen. Bedeutender erscheint dort, dass Kinder etwas in eine chronologische
Reihenfolge bringen oder kulturelle Feste dem richtigen Datum zuordnen können.
Die Sinnhaftigkeit solcher Ziele soll hier keinesfalls abgesprochen werden, aber
nach Dafürhalten des Verfassers muss der Sachunterricht in diesem Bereich zur
Entwicklung eines Zeitbewusstseins mehr leisten, als die gemeinsame Gestaltung
einer Feier, die ohne Zweifel lohnenswerte Fähigkeiten fördert. Denn im allen
Teilbereichen übergeordneten „Beitrag des Faches Sachunterricht zum Bildungs-
und Erziehungsauftrag" (Nordrhein-Westfalen 2008, S. 39) benennt der Kernlehrplan unter anderem das Ziel zur „Identitäts- und Persönlichkeitsentwicklung"
(ebd.), wozu die im Rahmen dieser Abhandlung aufgezeigten Aspekte rund um das
Phänomen Zeit einen wertvollen Beitrag leisten können.

9.2   Untersuchungsmaterial: Beschreibung der Schulbücher

Bei den herangezogenen Schulbüchern handelt es sich um aktuelle Lehrwerke des
Sachunterrichtes, die allesamt Teil der Aufstellung zugelassener Lehrmaterialien
an nordrhein-westfälischen Grundschulen sind (Ministerium für Schule und Bildung NRW 2020). Die nachstehende Tabelle 9.1 liefert eine Übersicht über 15
Lehrmaterialien, die alle vier Klassenstufen der Grundschule und unterschiedliche Schulbuchverlage umfassen. Insgesamt listet das Ministerium für Schule
und Bildung 18 Lehrwerke im entsprechenden Verzeichnis auf, die fehlenden
drei Exemplare wurden jedoch entweder nach digitaler Einsicht für die eigene
Analyse als nicht relevant genug eingestuft oder waren mit keinem vertretba-
ren (finanziellen) Aufwand zu beschaffen.[1] Einen Überblick inklusive weiterer
Angaben (z. B. Seitenanzahlen und Verteilung der Hauptthemengebiete) erfolgt
im Zuge der Präsentation der Ergebnisse (vgl. 9.7).

---

[1] In der Reihe „Pusteblume" des Schroedel-Verlags handelt es sich um keine Unachtsam-
keit angesichts ihrer Unvollständigkeit. Das Sachbuch zur 1. Klasse wird aus unbekannten
Gründen nicht im Verzeichnis der zugelassenen Lehrmittel geführt. Demzufolge ist die entsprechende Angabe in Abbildung 9.1 schraffiert dargestellt.

Tabelle 9.1 Auflistung untersuchter Schulbücher für die Primarstufe im Rahmen der Inhaltsanalyse

Titel	Verlag	Jahr	ISBN Autoren
Niko 1/2 Sachbuch	Ernst Klett	2017	9783123106095 Birchinger et al.
Niko 3 Sachbuch	Ernst Klett	2018	9783123106033 Birchinger & Krekeler
Pusteblume – Das Sachbuch 2	Schroedel	2009	9783507469327 Kraft
Pusteblume – Das Sachbuch 3	Schroedel	2010	9783507469334 Kraft
Pusteblume – Das Sachbuch 4	Schroedel	2010	9783507469341 Kraft
Bausteine Sachunterricht 1	Diesterweg	2009	9783425151113 Bourgeois-Engelhard & Drechsler-Köhler
Bausteine Sachunterricht 2	Diesterweg	2008	9783425152127 Bourgeois-Engelhard & Drechsler-Köhler
Bausteine Sachunterricht 3	Diesterweg	2009	9783425153124 Dietrich & Drechsler-Köhler
Bausteine Sachunterricht 4	Diesterweg	2010	9783425154114 Lüftner et al.
Jo-Jo Sachunterricht 1 Arbeitsheft	Cornelsen	2013	9783060808618 Christ
Jo-Jo Sachunterricht 2 Arbeitsheft	Cornelsen	2013	9783060808656 Christ
Jo-Jo Sachunterricht 3 Arbeitsheft	Cornelsen	2014	9783060808663 Christ
Jo-Jo Sachunterricht 4 Arbeitsheft	Cornelsen	2015	9783060808670 Christ
Schlag nach im Sachunterricht 1/2	Cornelsen (BSV)	2004	9783762784210 Berendes-Luckau & Mayer
Schlag nach im Sachunterricht 3/4	Cornelsen (BSV)	2005	9783762784241 Berendes-Luckau & Mayer

9.3   Mengenbezogener Stellenwert von „Zeit" im Schulbuch des Sachunterrichtes

Unter Vorwegnahme der Ergebnisse zu den prozentualen Aufteilungen der großen Hauptkategorien in den Schulbüchern des Sachunterrichts sei hier bereits erwähnt, dass „Zeit" als eigenständiger Lerngegenstand einen sehr geringen Bestandteil am Gesamtumfang der untersuchten Lehrmittel darstellt (vgl. Abbildung 9.2). Mit am häufigsten werden innerhalb dieser kleinen Sparte beispielsweise das subjektive Zeitempfinden behandelt oder reflexive Denkanstöße über die Zeit angeregt.

Der inhaltliche Bereich „Zeit" im curricularen Hauptbereich „Zeit und Kultur" wird jedoch klar von Uhren dominiert. In den allermeisten Fällen geschieht dies in Schulbüchern für die 2. Klasse, da sich die Thematisierung der Uhr in der Grundschule dort traditionell bewährt hat. Wie oben angedeutet, leistet dies in aller Regel der Mathematikunterricht, der zuvor bereits den für die Uhr relevanten Zahlenraum erschlossen hat und die kognitiven Voraussetzungen der Kinder inzwischen vorausgesetzt werden können, um die Uhr zu lesen. Der Sachunterricht begleitet dementsprechend parallel in der 2. Klasse diese Auseinandersetzung mit der Uhr, um die Entwicklung „zeitbezogene[r] Orientierungshilfen" (Nordrhein-Westfalen 2008, S. 42) zu unterstützen.

Im weiteren Verlauf der Grundschullaufbahn werden ebendiese Inhalte – später in der Analyse als „chronometrische" Themen bezeichnet, die einzig auf die Einübung der Uhrzeit, Wochentage, Monate, Jahreskalender usw. abzielen – von historisch und kulturell geprägten Unterrichtsthemen verdrängt. Die Zeit spielt dabei unter anderem als Indikator von Vergänglichkeit freilich eine wichtige Rolle, wenn etwa der Schulalltag von vor 100 Jahren mit heute verglichen werden soll, wird aber nicht als eigenständiges Phänomen in den Blick genommen. Der Schwerpunkt im Hauptbereich „Zeit und Kultur" wird in den Klassenstufen 3 und 4 also stark auf zeit*geschichtliche* Inhalte gelenkt, wobei auch fremde Kulturen und Medien als Informationsträger vergangener Zeiten oder Rechercheinstrument kennengelernt werden.

Ein Zeitmangel – Kalauer in Kauf genommen – kann hier jedenfalls nicht als stichhaltiges Gegenargument hervorgebracht werden, da das veranschlagte Wochenstundenpensum für den Sachunterricht im Laufe der Grundschuljahre zunimmt. Wie der Homepage des Schulministeriums des Landes Nordrhein-Westfalen entnommen werden kann, besagt die *verbindliche* Stundentafel, dass für den Sachunterricht – zusammen mit Mathematik, Deutsch und Förderunterricht – in den ersten beiden Schuljahren 12 Stunden pro Woche, in Klasse 3 und 4 gar 14 bis 16 Stunden pro Woche vorgesehen sind (NRW 2020). Das

Wochenstundenkontingent sollte demnach also auch für den Sachunterricht wachsen, allerdings legt der Meinungsaustausch mit erfahrenen Grundschullehrkräften die Vermutung nahe, dass der Sachunterricht häufiger den „Hauptfächern" Mathematik und Deutsch weichen muss, um „fundamentale (Grundschul-) Lernziele" erreichen zu können.

Es mutet wie ein Versäumnis an, dass dem Phänomen „Zeit" in den älteren Jahrgangsstufen der Primarstufe so wenig Aufmerksamkeit geschenkt wird, berücksichtigt man das didaktisch-pädagogische Potential beispielsweise einer philosophischen Annäherung, die in Klasse 2 womöglich verfrüht wäre, in Klasse 4 aber wertvolle Chancen offenbarte.

Statistische Untersuchung zum Thema „Zeit" im Sachunterrichtsbuch:
Als Grundlage für die Annahme des Themenbereichs „Zeit" als sich verflüchtigendes Randthema bietet sich eine Untersuchung der inhaltlichen Volumina an, die die thematischen Großthemen in sämtlichen Schulbüchern für den Sachunterricht in NRW einnehmen. So handelt es sich bei Abbildung 9.1 um die Darstellung einer rein quantitativen Erfassung der Seitenanzahlen als prozentualer Anteil im Schulbuch zum Sachunterricht, gruppiert und aufgeschlüsselt nach Verlagsreihe und Klassenstufe. Auffällig ist zum Beispiel, dass für den Inhaltsbereich „Zeit und Kultur" mit wenigen Ausnahmen nicht annähernd 20 Prozent erreicht werden, nimmt man eine neutrale, gleichverteilte und -berechtigte Behandlungsgewichtung aller fünf Hauptkategorien des Kernlehrplans für den Sachunterricht an.

Abbildung 9.2 stellt ein erweitertes, differenziertes Diagramm auf Basis von Abbildung 9.1 dar. Darin ist ausschließlich das explizite Auftreten von Elementen zum Thema „Zeit" als konkretes Phänomen aufgeführt. Damit ist die unmittelbare Auseinandersetzung mit „Zeit" gemeint, die beispielsweise Bereiche der Physik, Astronomie, Wahrnehmungspsychologie, Philosophie, Metaphysik etc. tangiert. Aber auch Lernsituationen, die auf individuelles Reflektieren über „Zeit" abzielen, sind dort berücksichtigt. Primär historisch, kulturell und medial geprägte Inhalte wurden dementsprechend nicht in diese Statistik aufgenommen. Die prozentualen Angaben beziehen sich jeweils auf den Seitenumfang des Kapitels „Zeit und Kultur" in der entsprechenden Klassenstufe.

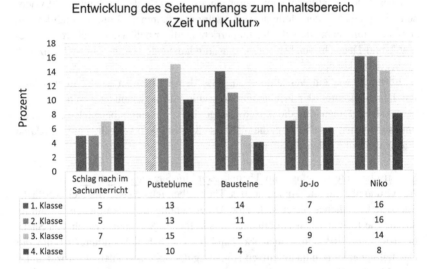

Abbildung 9.1 Prozentuale Entwicklung des Kapitels „Zeit und Kultur", gemessen am Gesamtumfang über alle Grundschulklassen hinweg. Es sind fünf verschiedene Schulbuchreihen im Fach Sachunterricht für NRW dargestellt

Mit Ausnahme der Schulbuchreihe „Niko" (3. Klasse) des Klett-Verlags geht aus dem Histogramm deutlich hervor, dass im 3. und 4. Schuljahr das Phänomen „Zeit" im thematischen Inhaltsfeld „Zeit und Kultur" kaum noch eine Rolle spielt. Wie oben bereits angedeutet, verschiebt sich der Schwerpunkt kapitelfüllend im Übergang von 2. zur 3. und 4. Klasse auf geschichtliche Lernelemente, im Rahmen derer kulturelle und mediale Einheiten in allen untersuchten Sachunterrichtsbüchern lehrplankonform aufgegriffen werden. AHLGRIM deutet in seiner Studie zur inhaltlichen Themenverteilung in den Sachunterrichtsbüchern für Niedersachsen an, dass es sich bei „Zeit und Kultur" offenbar um einen Inhaltsbereich handele, der aus einem „zersplitterten Themenfeld von einzelnen, tendenziell unverbundenen Inhalten zu bestehen" scheint (Ahlgrim 2017, S. 12). Für weitreichendere Inhaltsanalysen zu den bestimmenden Inhaltsfeldern des Sachunterrichtes sei an entsprechende Literatur verwiesen.

Auch der Vergleich der fünf großen Inhaltsfelder (vgl. 9.1) bezüglich ihrer Seitenumfänge in den unterschiedlichen Schulbuchreihen ermöglicht einen guten Überblick über die kategorische Binnengewichtung. Zur Datengrundlage wurden sämtliche Inhaltsverzeichnisse herangezogen, die Anzahl der Seiten pro

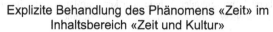

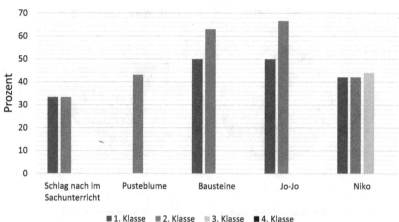

Abbildung 9.2 Übersicht prozentualer Anteile des Themas „Zeit" als eigenständiges Phänomen vom Inhaltsbereich „Zeit und Kultur". Primär historisch und kulturell geprägte Inhalte in den entsprechenden Kapiteln wurden nicht berücksichtigt

Inhaltsbereich innerhalb einer Buchreihe aufsummiert und in den dargestellten Kreisdiagrammen prozentual abgetragen. Übergeordnete Themen, etwa Bastel-, Recherchefähigkeiten und dergleichen, wurden – falls vorhanden – der Kategorie „Sonstiges" zugeordnet.

Mit Beginn bei 12 Uhr und dem Uhrzeigersinn folgend ergeben sich für die einzelnen Kreissegmente in den unten aufgeführten Diagrammen:

- Mensch und Gemeinschaft ●
- Natur und Leben ●
- Technik und Arbeitswelt ●
- Raum, Umwelt und Mobilität ●
- Zeit und Kultur ●
- Sonstiges ●

Den fünf Diagrammen in Tabelle 9.2 lässt sich eine prozentuale Spanne von 6 bis 13 % für das kategorische Aufkommen des Inhaltsfeldes „Zeit und Kultur" entnehmen. „Schlag nach im Sachunterricht" enthält gemessen am Umfang seiner

Tabelle 9.2   Übersicht prozentualer Anteile aller kernlehrplanbasierter Inhaltsbereiche für den Sachunterricht in NRW, dargestellt für jede Schulbuchreihe

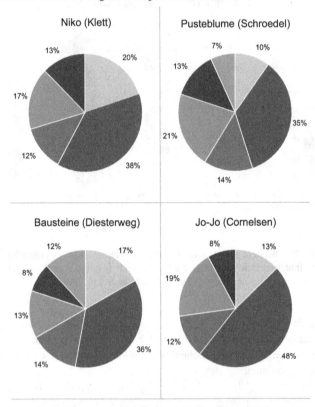

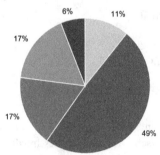

Bände den geringsten, „Niko" und „Pusteblume" gleichauf mit 13 % den höchsten Anteil. Die nach Buchreihen differenzierten Einzelergebnisse stimmen diesbezüglich überwiegend mit anderen Untersuchungen überein, etwa mit Resultaten der Studie von Ahlgrim. In dessen umfangreicher Untersuchung weisen „historisch[e] und chronometrische Inhalte" (Ahlgrim 2017, S. 8) einen prozentualen Anteil von insgesamt 9 % über alle zugelassenen Schulbuchreihen für den Sachunterricht in Niedersachsen auf.

9.4 Beschreibung der Untersuchungsmethode: Typisierende und inhaltliche Strukturierung nach Mayring

Die nachfolgende Schulbuchanalyse orientiert sich an der Methodik zur Qualitativen Inhaltsanalyse nach Mayring (2010). In der sozialwissenschaftlichen Forschung findet am häufigsten die Analyse von Textmaterial Anwendung, aber auch andere Formen „fixierte[r] Kommunikation" (Mayring 2010, S. 12), wie Bilder oder Videos, können Gegenstand inhaltsanalytischer Untersuchungen werden. Angesichts der Vielzahl an Abbildungen und der verhältnismäßig geringen Menge an Fließtext in Bildungsmedien für die Primarstufe, gewinnen veranschaulichende Elemente an Bedeutung. In den beiden ersten Klassenstufen der Grundschule sind die Lesekompetenzen der Kinder freilich noch nicht ausgereift, weshalb die Gewichtung auf Illustrationen völlig plausibel erscheint. Der Text nimmt dort anfangs noch die Funktion eines begleitenden Zusatzes ein.

Hinsichtlich der Analyse*richtung* handelt es sich bei der Schulbuchanalyse anders als in der oben durchgeführten Befragungsanalyse nun um eine deduktive Herangehensweise (vgl. Mayring 2010, S. 66). Dabei wird ein externes, vorab definiertes Kategoriensystem an das zu untersuchende Material herangetragen, um alle Bestandteile, die mit diesem System angesprochen werden, gezielt zu extrahieren. Dem Begriffskanon von Mayring folgend, handelt es sich bei der vorliegenden Untersuchung demnach um eine Mischform aus zunächst typisierender, dann inhaltlicher Strukturierung.

- **Typisierende Strukturierung**: Diese Art der qualitativen Analyse zielt darauf ab, explizite Ausprägungen („typische Merkmale") im Untersuchungsmaterial primär zu *identifizieren* und gegebenenfalls genauer zu *beschreiben* (vgl. Mayring 2010, S. 98).
- **Inhaltliche Strukturierung**: Bei der inhaltlichen Strukturierung handelt es sich um die „wohl zentralste inhaltsanalytische Technik" (Mayring 2010,

S. 92). Ihr Ziel ist es, mithilfe vorher definierter Kategorien bestimmte Inhalte
aus dem vorhandenen Material zu extrahieren – im vorliegenden Falle auf
Basis der typisierenden Strukturierung –, das dann ausgewertet, interpretiert
oder beliebig anders bearbeitet wird.

Die präzisen Definitionen von typischen Merkmalen, Haupt- und ggf. Unter-
kategorien erfolgen im anschließenden Abschnitt 9.5. Im Zuge dessen werden
möglichst eindeutige Grenzen zwischen den Kategorien ausgeschärft, um die
Zuordnung so nachvollziehbar wie möglich zu gestalten. Darüber hinaus werden sogenannte „Ankerbeispiele" angeführt, um ebenjene Kategorien, Merkmale
etc. treffend zu umreißen (vgl. Mayring 2010, S. 92). Im Falle von Zuord-
nungsproblemen oder Mehrdeutigkeiten werden diesbezüglich ausnahmslos alle
Entscheidungen transparent zu den jeweiligen Fundstellen dargelegt.

Zusammenfassend lässt sich die hier durchgeführte Schulbuchanalyse wie
folgt beschreiben: Es handelt sich um eine qualitative Teilbereichsanalyse von
Schulbüchern des Sachunterrichtes, bei der exklusiv Kapitel mit offenkundi-
gem Bezug zum curricularen Inhaltsbereich „Zeit und Kultur" sondiert wurden.
An diese wurden drei kategorische Hauptgruppen (Subjektivität, Linear-zyklisch,
Analog-digital) herangetragen, um auf deren Basis das vorhandene Schulbuch-
material zu beschreiben, zu analysieren und gegebenenfalls kritisch-konstruktive
Optimierungsempfehlungen zu formulieren.

9.5   Ablauf und Bestimmung von Analyseeinheit und Hauptkategorien

Die vorliegende Analyse orientiert sich schematisch am Ablaufmodell zur strukturierenden Inhaltsanalyse nach Mayring (vgl. Mayring 2010, S. 93). Für eine
grundlegende, theoretische Ausführlichkeit sei an aufgeführte Literatur verwiesen.

Zu Beginn erfolgt die Bestimmung der sogenannten „Analyseeinheit" (ebd.),
die den kleinst- und größtmöglichen Umfang einer zu verwertenden Fundstelle
im Material definiert. Im üblichen Falle einer Untersuchung von reinem Textmaterial wäre dies beispielsweise die Festlegung, ob schon ein markanter Begriff,
ein Schlagwort etc. oder längere Wortgefüge, bestimmte Satzkonstruktionen usw.
aufgenommen werden. Mayring nennt den kleinsten Materialbestandteil „Kodiereinheit", den größten „Kontexteinheit" (Mayring 2010, S. 59), der noch unter
eine Kategorie fallen kann.

Da es sich bei der vorliegenden Analyse um eine Auswertung von Schulbuchmaterial der Primarstufe handelt, entfällt die Notwendigkeit der minutiös abgesteckten Kodiereinheit in Ermangelung einer verwertbaren Textfülle meist. Im Zentrum des Interesses stehen primär veranschaulichende Illustrationen, die den zu vermittelnden Lehrinhalt (unterstützend) abbilden. Mayring zufolge sind dies also Kontexteinheiten, die aus dem Bild selbst und darauf Bezug nehmende Erläuterungen und Aufgabenstellungen bestehen.

Tabelle 9.3 stellt eine Übersicht dar, in der zu jeder Hauptkategorie der Inhaltsanalyse die Kodier- und Kontexteinheit aufgeführt sind. Die in den Zellen aufgezählten Beispiele dienen der inhaltlichen Verdeutlichung und stehen exemplarisch sowohl für das explizite Erwähnen als auch das implizite Andeuten der hinter den Begriffen stehenden Inhalten. Ausführliche Beschreibungen zu den Hauptkategorien erfolgen im Anschluss.

Tabelle 9.3 Übersicht zu Kodier- und Kontexteinheiten aller Hauptkategorien der Inhaltsanalyse

	Subjektivität	Linear + zyklisch	Analog + digital
Kodiereinheit (Ex- und Implikationen)	Zeit vergeht schnell; Zeit vergeht langsam; Zeit erleben; Zeit messen; Meine Zeit; Zukunft;	Zeit sichtbar machen; Wie stellst du dir Zeit vor; Zeit übersichtlich darstellen;	analog; digital; Zeigeruhr; Zifferuhr;
Kontexteinheit	Kombination aus Beispiel + Abbildung + Aufgabe (praktisch)	Abbildungen *linear*: Zeitleiste, Lebenslinie, Zeitstrahl, Zeitband, Zeitpfeil, Leporello, Wochenkalender... *zyklisch*: Tagesablauf, Wochendurchlauf, Jahreskreis, Jahreszeiten, Sonnenbahn... Aufgaben	Abbildungen jedweder Uhrenarten + zugehörige Aufgaben

Im Sinne der typisierenden Strukturierung sollen im Folgenden die drei Hauptkategorien charakterisiert werden, denen Elemente zum Phänomen „Zeit" zugeordnet werden.

9.5.1   1. Hauptkategorie: Subjektivität (und Objektivität) von Zeit

Diesem Kategorietyp werden alle Inhalte zugewiesen, die als Hauptbestandteil einen starken subjektiven Bezug zum Phänomen „Zeit" herstellen. Dabei kann es sich um wahrnehmungspsychologische Erfahrungen (vgl. 2.1.2), aber beispielsweise auch um die individuelle Rolle in zeitlichen Strukturierungsgefügen (persönlicher Tagesablauf, Stundenplan in der Schule, Freizeitgestaltung usw.) handeln. Zentrales Kriterium ist also die subjektive Nähe zum Phänomen „Zeit". Des Weiteren werden Elemente in dieser Kategorie verortet, die im Gesamtkontext die sinnstiftende Verbindung von subjektiv empfundener und objektiv gemessener Zeit – wenigstens in Ansätzen – beabsichtigen (Abbildung 9.3).

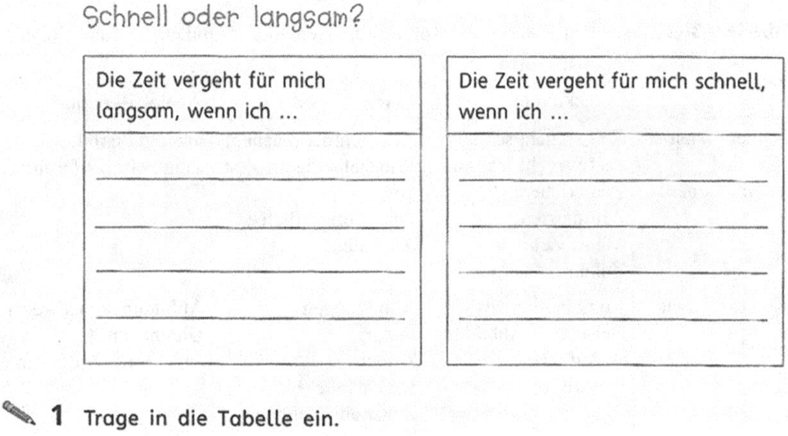

Schnell oder langsam?

Die Zeit vergeht für mich langsam, wenn ich …	Die Zeit vergeht für mich schnell, wenn ich …

🖉 1 Trage in die Tabelle ein.

Abbildung 9.3 Beispielhafte Aufgabe mit stark subjektivem Bezug, stellvertretend für alle derartigen Aufgaben/Abbildungen, die auf das subjektive Zeitempfinden abzielen. Entnommen aus: (Bourgeois-Engelhard & Drechsler-Köhler 2008, S. 48)

9.5.2   2. Hauptkategorie: Lineare und zyklische Veranschaulichungen

Diese Rubrik stellt eine Besonderheit dar, da sie primär auf die Veranschaulichungen von „Zeit" abzielt. Im Rahmen der inhaltlichen Analyse kommen allerdings auch Aufgaben und andere Fragestellungen zum Tragen, die mit den Illustrationen korrespondieren oder als weiterführende Ergänzung zu betrachten sind. Hauptsächlich wird im Zuge dessen zwischen linearen und zyklischen Interpretationen von „Zeit" differenziert.

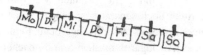

Abbildung 9.4 Beispiel einer linear interpretierten Veranschaulichung einer Woche. Entnommen aus: Niko Sachbuch 1/2 (Birchinger et al. 2017, S. 138)

Mit linearen Formen sind Darstellungen gemeint, die unter anderem folgenden Charakteristika entsprechen: gerade Linien, Strahlen, Strecken, Leisten, gerichtete Pfeile, Bänder oder beliebig eindimensional aneinandergereihte andere Elemente (vgl. Abbildung 9.4). Die vollständige „Abgeschlossenheit" linear aufbereiteter Veranschaulichungen – das meint die häufig willkürlich gewählten äußeren Ränder solcher Darstellungen – ist dabei kein Kriterium, solange es sich offensichtlich um eine lineare Abfolge oder einen Ausschnitt davon handelt.

Abbildung 9.5 Beispiel einer zyklisch interpretierten Veranschaulichung einer Woche. Entnommen aus: Jo-Jo Sachunterricht 1 (Christ 2013a, S. 29)

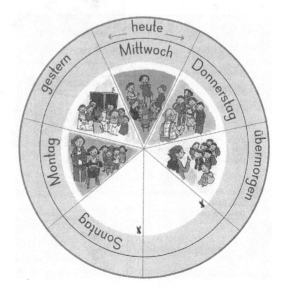

Als zyklische Darstellungsformen werden Kreisdarstellungen aller Art (voll-
und teilzyklisch) erfasst (vgl. Abbildung 9.5). Zu den zyklischen Veranschaulichungen werden nur solche gezählt, die in sich geschlossen sind. Spiralen,
Schleifen, Wellen, geschwungene Linien usw. werden demzufolge *nicht* den
zyklischen Formen zugeordnet, sondern als Mischform definiert. In Anbetracht
ihrer äußerst seltenen Erscheinung im gesamten Material werden jene Mischformen in der Auswertung noch separat besprochen. Als Beispiel dafür sei auf
Abbildung 9.6 verwiesen, die als zusammengesetzte Figur aus zyklischen und
linearen Elementen einer Art logarithmischen Spirale nachempfunden ist.

Darüber hinaus muss noch erwähnt werden, dass Abbildungen von Analoguhren hier *nicht* als zyklisch zu interpretierende Hilfsvorstellung hinzugenommen
werden, da dort das Messinstrument „Uhr" bzw. die Kompetenz sie zu lesen und
nicht die Zeit selbst als Phänomen thematisiert wird.

Abbildung 9.6 Beispiel
einer Mischform aus
zyklischen und linearen
Elementen zur
Veranschaulichung des
Zeitvergehens. Entnommen
aus: Jo-Jo Sachunterricht 2
(Christ 2013b, S. 28)

9.5.3 3. Hauptkategorie: Analoge und digitale Uhrzeitformate

Zur dritten Hauptkategorie gehören alle Elemente, die sich im weitesten Sinne mit beiden Uhrzeitformaten beschäftigen. Dazu zählen Abbildungen inklusive zugehöriger Aufgabenstellungen, genau wie nicht-bildlich unterstützte Arbeits- und Lernaufträge. Explizit davon ausgenommen sind Anleitungen zum Nachbauen verschiedener Uhrtypen, da sie fast immer nicht dezidiert auf formatbezogene Aspekte eingehen. Dabei stehen häufig handwerklich-technische Fähigkeiten im Vordergrund und nicht deren Einfluss auf Hilfsvorstellungen zur (Uhr-)Zeit. Ähnlich wird mit Sammlungen von Abbildungen verschiedener Uhren verfahren, wenn sie lediglich das Ordnen oder Benennen der verschiedenen Typen beabsichtigen und die entsprechenden Aufgaben keine tiefergehende Behandlung implizieren (Abbildung 9.7).

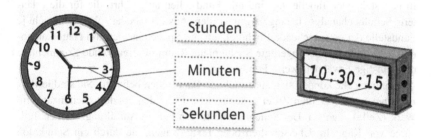

Abbildung 9.7 Beispiel für die Kategorie „Analoge und digitale Uhrzeitformate". Das Bild soll die Richtung der analytischen Absicht verdeutlichen und wurde demnach isoliert aus dem Schulbuch extrahiert. Entnommen aus: Niko Sachbuch 1/2 (Birchinger et al. 2017, S. 141)

9.6 Forschungsfragen zur Analyse

Auf Grundlage der vorliegenden Schulbuchanalyse und des nachfolgenden Materialdurchlaufs werden die hier aufgeführten Forschungsfragen beantwortet:
In…

a) …welchem Umfang…
b) …welcher qualitativen Ausprägung…

   i. Wie werden subjektive und objektive Zeit miteinander verwoben?

   ii. Wie und welche Anschauungsformen von Zeit werden genutzt?

   iii. Wie werden analoge und digitale Uhrzeitformate präsentiert und einge-
bunden?

c) ...welcher inneren Konsistenz (passen Weg und Ziel zueinander?) ...

...existieren die drei Hauptkategorien im untersuchten Material?

Im Auswertungskapitel wird neben der Einzelbetrachtung dieser Forschungsfragen auch ein umfassendes Fazit gezogen, das den gesamtheitlichen Umgang
mit dem Lehrinhalt „Phänomen Zeit" in Form von Handlungsempfehlungen
nahelegt.

9.7 Materialdurchlauf und Ergebnisse

In nachstehender Tabelle 9.4 sind alle Fundstellen aufgeführt, die für die erläu-
terte Schulbuchanalyse herangezogen wurden. Aus der tabellarischen Zeile geht je
Fundstelle der entsprechende Buchtitel, aus der Spalte eine der drei Hauptkategorien hervor. Die rechts angefügte Spalte bietet Raum für ergänzende Kommentare
und sonstige erwähnenswerte Fundstellen.

In einer Zelle können sich auch mehrere Fundstellen befinden. Sie sind jeweils
mit einer vorangestellten Ziffer gekennzeichnet, die den Fundort (Seitenzahl) im
Werk (Zeile) angeben. Der Seitenangabe folgen ggf. in Anführungszeichen Teil-
zitate von Kapiteln, Überschriften oder Textpassagen, die durch ein Semikolon
von einer kurzen Beschreibung der Fundstelle getrennt werden. Beispiel:

141 „Uhren messen die Zeit"; isolierte Einführung der Uhr als Uhrzeitanzeige mit
verschiedenen Uhrtypen.

Der besseren Zuordnung halber erhalten alle Spalten numerische und alle Zeilen
doppelt-alphabetische Bezeichnungen. Die zwei Buchstaben dienen dem Überblick der Lehrmittel: der erste Buchstabe steht für die Verlagsreihe, der zweite ist
alphabetisch fortlaufend innerhalb der Reihe. Dies erleichtert die spätere Bezugnahme in der anschließenden Auswertung und die lesefreundliche Verknüpfung
von mehreren Zellen.

Tabelle 9.4 Tabellarische Übersicht aller Fundstellen, die für die Analyse herangezogen wurden. Aufgeführt sind Schulbuchtitel (zeilenweise) und Hauptkategorien (spaltenweise), die sich jeweils in einer Zelle treffen

	1	2	3	4
Buch Seitenanzahl „Kapitelbezeichnung"	Subjektivität	Linear + zyklisch	Analog + digital	Kommentar/ Rest
Aa	Niko 1/2 (135 – 158 = 24) „Zeit und Wandel"	141 „Uhren messen die Zeit"; isolierte Einführung der Uhr als Uhrzeitanzeige mit verschiedenen Uhrtypen. 143 „Meine Zeit"; Gestaltung eines eigenen Leporellos als erste Konfrontation mit der individuellen Lebensspanne	137 „Der Tagesablauf"; Tag als **Zyklus** wiederkehrender Routinen vor dem Hintergrund des Tag-Nacht-Wechsels 138 Woche als **Strahl**; Wochentage an einem Strang nacheinander aufgereiht 139 Jahr als **Zyklus**; Kennenlernen der Monate und ihrer periodischen Abfolge 145 Leben als **Linie**; Leporello als Vorstellung der eindimensional vorwärts gerichteten Zeit	141 „Uhren messen die Zeit"; parallele Einführung des analogen und digitalen Formats. 141 „Welcher Zeiger bewegt sich am schnellsten?"; Sammlung verschiedener Uhrtypen mit Aufgabenstellung zur Zeigergeschwindigkeit.	148 „So kannst du weiterarbeiten"; Denkanstoß zur subjektiv empfundenen Zeit als eine Frage von vielen.

(Fortsetzung)

Tabelle 9.4 (Fortsetzung)

	Buch Seitenanzahl „Kapitelbezeichnung"	1 Subjektivität	2 Linear + zyklisch	3 Analog + digital	4 Kommentar/Rest
Ab	Niko 3 (87 – 102 = 16) „Zeit und Wandel"	88 „Meine Freizeit"; Reflexionen über die Einteilung der eigenen Freizeit mit Fokus auf Balance Arbeit/Entspannung. 90 „Mein Plan für die Woche"; Überblick der individuellen Woche und deren Analyse, ggf. Optimierung 91 „Der Lebensfluss"; individueller Lebensfluss mit Anregungen zur Zukunft in den Aufgabenstellungen 101 „Zukunft"; sachliche Einführung der Zukunft mit subjektiver Färbung Aufgabe 2 und 3. 92 „Denke weiter"; subjektives Zeitempfinden erneut in weiterführende Aufgaben gepackt. 102 „Warum soll ich über meine Vergangenheit nachdenken?"; erste Anregungen zu subjektiven Reflexionen und deren persönlicher Sinnhaftigkeit	91 „Der Lebensfluss"; als Veranschaulichung für den kompletten Lebensweg mit **Schleifen**, Aufs und Abs. Aufgabe 2: „Warum wird das Leben hier als Fluss dargestellt?" 93 „Vergangenheit, Gegenwart und Zukunft"; Kapiteldeckblatt illustriert **lineare** Gerichtetheit der Zeit mit Pfeil	/	Zwei Kapitel: „Meine Zeit" und „Vergangenheit – Gegenwart – Zukunft" 92 „Zeiträuber" als Vertiefungsangebot 101 Optimierungsempfehlung → Veranschaulichung für Zukunftsfragen

(Fortsetzung)

Tabelle 9.4 (Fortsetzung)

	Buch Seitenanzahl „Kapitelbezeichnung"	1 Subjektivität	2 Linear + zyklisch	3 Analog + digital	4 Kommentar/Rest
Ac	Niko 1/2 [Arbeitsheft] (81 – 92 = 12) „Zeit und Wandel"		82 „Die Woche". Woche als **lineare** Sequenz („Wäscheleine") mit am Rand verschwindenden Enden illustriert. 83 „Das Jahr"; Jahr als **Kreis** mit Monaten abgebildet 89 „Groß werden"; Ausschneide- bzw. Sortieraufgabe, Bilder in chronologische **Reihenfolge** bringen	86 „Verschiedene Uhren": Kennenlernen und Vertiefen der Uhrzeitformate und deren Bestandteile mit klarem Schwerpunkt auf Ablesefähigkeit.	
Ba	Pusteblume 2 (74 – 87 = 14) „Zeit"	77 „Zeit erleben, Zeit ablesen, Zeit messen"; (*passive*) Bildergeschichte zum subjektiven Zeitempfinden. 77 Erklärung für Notwendigkeit objektiver Zeit. 80 „Erinnerungen an den ersten Schultag"; Erste individuelle Erfahrungen mit der Retrospektive.	75 „Ein Jahresleporello"; Gestaltung und Herstellung eines eigenen Leporellos in Form einer **linearen** Abfolge.	76 „Zeit erleben, Zeit ablesen, Zeit messen"; Kleinteilige Einführung der Zeigeruhr mit markanten Uhrzeiten und Intervallen. 76 „Übrigens"; Vergleich von Zeiger- und Digitaluhr, rein informativ.	

(Fortsetzung)

Tabelle 9.4 (Fortsetzung)

	Buch Seitenanzahl „Kapitelbezeichnung"	1 Subjektivität	2 Linear + zyklisch	3 Analog + digital	4 Kommentar/Rest
Bb	Pusteblume 3 (102 – 119 = 18) „Zeit"		106 „Schule früher"; Seitenübergreifende **Zeitleiste.**		
Bc	Pusteblume 4 (104 – 115 = 12) „Zeit"		104–111 Seitenübergreifende **Zeitleiste** als Fortsetzung des Vorgängers 112 „Jahrtausend-Leporello"; „Wie kann man Zeit sichtbar machen?", es folgt eine Erklärung der **Zeitleiste/ Zeitband**, analog zu „Pusteblume 3". 112 „Wie kann man Zeit sichtbar machen?"; „Zeit kann man nicht sehen, hören oder fühlen": Frage als prägnante Randnotiz.		
Ca	Bausteine 1 (38 – 41 = 4) „Zeit vergeht"		38f „Zeit vergeht"; Doppelseite zu den Tageszeiten in **linearer** Darstellung. 40 „Eine Woche hat 7 Tage"; Woche bildlich als **serielle** Abfolge dargestellt 60 „Ein Jahr vergeht"; Monate und Jahreszeiten im **Jahreskreis** dargestellt		

(Fortsetzung)

Tabelle 9.4 (Fortsetzung)

	Buch Seitenanzahl „Kapitelbezeichnung"	1 Subjektivität	2 Linear + zyklisch	3 Analog + digital	4 Kommentar/ Rest
Cb	Bausteine 2 (48 – 51 = 4) „Zeit vergeht"	48 „Zeit vergeht"; Eröffnung des Kapitels mit subjektivem Zeitempfinden. (Sicherung am Ende: „Bei welchen Tätigkeiten kommt dir die Minute lang vor, bei welchen kurz?").	70 Monate + Jahreszeiten am **Jahreskreis**.	50 „Verschiedene Uhren"; Informationskasten zu unterschiedlichen Zeigern und Uhren. 51 Starke Dominanz der Zeigeruhr. Digitaluhr zum Selberbauen.	49 „Zeitmesser bauen"; Verschiedene Uhrtypen zusammengestellt.
Cc	Bausteine 3 (52 – 55 = 4) „Vor hundert Jahren"				52 Stark geschichtlich geprägt, ohne besondere Veranschaulichungen von „Zeit"
Cd	Bausteine 4 (40 – 43 = 4) „In der Ritterzeit"				40 Analog zu „Bausteine 3"
Da	Jo-Jo 1 (28 – 30 = 3) „Zeiten und Räume"		28 „Ein Tag vergeht"; Tag als **Kreislauf** 29 „Eine Woche vergeht"; Woche als **Kreislauf**.		

(Fortsetzung)

Tabelle 9.4 (Fortsetzung)

	Buch Seitenanzahl „Kapitelbezeichnung"	1 Subjektivität	2 Linear + zyklisch	3 Analog + digital	4 Kommentar/ Rest
Db	Jo-Jo 2 (27 – 32 = 6) „Zeiten und Räume"	27 „Zeit erleben – Zeit messen"; Behandlung des subjektiven Zeitempfindens bei gewissen Tätigkeiten. Aufgaben 1 + 2 theoretisch, 3 + 4 praktisch. 29 „Verschiedene Tagesabläufe"; Fokus auch auf Individualität des eigenen Tagesablaufs	28 „Tag und Nacht"; individueller Tagesablauf als **Spirale** dargestellt. 30 „Der Jahreskreis"; Das Jahr als **Kreis**, bestehend aus Monaten dargestellt.		
Dc	Jo-Jo 3 (59 – 63 = 5) „Zeiten und Räume"				59 „Das Leben auf dem Land früher" 60 „Das Leben auf dem Land heute"
Dd	Jo-Jo 4 (31 – 34 = 4) „Zeiten und Räume"		32 Seitenübergreifender **Zeitstrahl** mit historischen Zeitmarken		31 „Aus der Vergangenheit"
Ea	Schlag nach im Sachunterricht 1/2 (74 – 78 = 5) „Jahrein, jahraus"			76 „Wir messen die Zeit"; Große Illustration verschiedener Uhren als Zuordnungsaufgabe.	78 „Wir planen eine Weihnachtsfeier"; Tabellarische Vorlage zur Planung der gemeinsamen Feier

(Fortsetzung)

Tabelle 9.4 (Fortsetzung)

	1 Subjektivität	2 Linear + zyklisch	3 Analog + digital	4 Kommentar/ Rest
Buch Seitenanzahl „Kapitelbezeich-nung"				
Eb	Schlag nach im Sachunterricht 3/4 (144 – 155 = 12) „Blick in die Vergangenheit"	150f „Die Ritter"; Lineare Zeitleiste im historischen Kontext		

In Anbetracht der voranstehenden Tabelle 9.4 wird schnell eine Konzentration auf das 2. Schuljahr deutlich, die sowohl die verschiedenen Verlagsreihen als auch die Untersuchungskategorien übergreift. Die Anhäufung an Fundstellen in diesem Schuljahr ist plausibel, da zu diesem Zeitpunkt häufig – fachparallel zumeist im Mathematikunterricht – die Kompetenz des Uhrlesens vermittelt und im Rahmen dessen das Großthema „Zeit" auch thematisch im Sachunterricht aufgegriffen wird.

Die Schuljahre 3 und 4, die im thematischen Bereich „Zeit und Kultur" stark historisch geprägt sind, weisen ebenfalls verlagsübergreifend hohe Übereinstimmungen in den drei Untersuchungskategorien auf. Analoge und digitale Elemente verschwinden in geschichtlich-kulturellen Betrachtungen der hohen Klassenstufen vollständig, subjektive Anteile sind extrem selten (Ab1). Einzig die Kategorie zu linearen und zyklischen Veranschaulichungen sind dort häufiger vertreten, etwa in Form von Zeitleisten in historischen Zusammenhängen.

In den nachfolgenden Abschnitten werden zu jeder der drei Hauptkategorien eingehende Beschreibungen und Bewertungen erfolgen. Die daraus hervorgehenden Gemeinsam- und Auffälligkeiten bilden dann die Grundlage für die Beantwortung der oben formulierten Forschungsfragen zur Schulbuchanalyse. In wiederholender und paraphrasierender Weise sind dies jeweils Fragen zur...

a) ...Gewichtung und Umfang...

b) ...Qualität...

c) ...inhaltlichen Konsistenz...

...der entsprechenden Untersuchungskategorie (vgl. S. 158).

9.7.1   Ergebnisse 1. Hauptkategorie: „Subjektivität"

Bei den Fundstellen in der Kategorie zur „Subjektivität" handelt es sich – wie oben besprochen – einerseits um das kognitiv-psychologische Phänomen der *subjektiv-empfundenen* Zeit und andererseits um individuell-reflexive Elemente, die den persönlichen Umgang mit Zeit, aber vor allem die viel bedeutendere Hinwendung zur eigenen „Rolle" in der (Lebens-) Zeit in den Blick nehmen.

Dem Verständnis der vorliegenden Arbeit folgend finden sich subjektive Bezüge mit einer einzigen Ausnahme (Ab1) ausschließlich im 2. Schuljahr. Das gilt für alle untersuchten Lehrwerke, allerdings mit der zuvor erwähnten Einmaligkeit des Klett-Verlags („Niko Sachbuch" → Ab1), der im Buch für das 3. Schuljahr reflexive Elemente zum Thema „Zeit" direkt und umfänglich thematisiert. Das subjektive Zeitempfinden wird von den allermeisten Verlagen behandelt, nur Klett („Niko") und Cornelsen BSV („Schlag nach im Sachunterricht") sparen es in ihren Schulbuchreihen komplett aus.[2] Letztgenannter Verlag weist gar in keinem seiner Lehrwerke erkennbare subjektive Zeit-Bezüge auf.

Die Forschungsfrage zur „Subjektivität" lenkt den Fokus auf eine direkte Verzahnung von subjektiv empfundener und objektiv gemessener Zeit zur besseren Nachvollziehbarkeit beider Zeit-„Erscheinungen". In nahezu allen untersuchten Lehrwerken kann eine derartige Kopplung beider Aspekte nicht direkt festgestellt werden. Teilweise stehen sich die Herangehensweisen in den Kapiteleinstiegen diametral gegenüber: entweder erfolgt zu Beginn eine pragmatische Einführung der Uhr als „objektive Zeit-Instanz" ohne Klärung ihrer Notwendigkeit (Aa1, Ba1) oder eine (oft experimentelle) Einführung in das subjektive Zeitempfinden, bei der dann aber die unmittelbare Verknüpfung zur objektiven Zeit versäumt wird (Cb1, Db1). Oft wird bei solchen praktischen Übungen eine (Stopp-) Uhr hinzugezogen, ohne deren Bedeutung oder Funktion zu benennen, um beispielsweise das subjektive Zeitempfinden als solches zu entlarven.

Der Schroedel-Verlag stellt in dieser Hinsicht eine begrüßenswerte Ausnahme dar, da er als einziger anstrebt, subjektive Wahrnehmungserfahrungen mit der Notwendigkeit objektiver Zeit zu verbinden (Ba1): „Die Zeit vergeht aber immer im gleichen Tempo. Nur mit einer Uhr kann man sie genau messen." (Kraft 2009, S. 77). Zwar greifen die Autor*innen zuvor auf eine passiv-rezipierende Bildergeschichte anstatt einer kurzen praktischen Übung zurück, nichtsdestotrotz kann den Verfasser*innen eine kapitelfüllende didaktische Absicht unterstellt werden, das Subjektive mit dem Objektiven sinnvoll und transparent zu verknüpfen. Hierzu besprechen sie zunächst technisch und grundsätzlich die Uhr – übrigens in beiden Formaten und mit häufig gebräuchlichen, analogen Zeigerstellungen –, bevor sie in der Bildergeschichte das subjektive Zeitempfinden mit dem objektiven Zeitmaß (in der Geschichte durch eine Zeigeruhr verkörpert) zusammenführen (vgl. Kraft 2009, S. 76).

Eine weitere inhaltliche Einzigartigkeit findet sich in der Schulbuchreihe des Klett-Verlags „Niko", der – wie eingangs erwähnt – verschiedene reflexive Elemente zum Thema „Zeit" in den Fokus rückt (Ab1). Über mehrere Seiten hinweg erstreckt sich die individuelle Auseinandersetzung mit dem reflektierten Umgang mit der eigenen Freizeit (S. 88), dem strukturierten Aufstellen eines Wochenplans (S. 90) und dem Philosophieren über den eigenen Lebensweg

---

[2] Der vollkommenen Richtigkeit halber sei erwähnt, dass in der Reihe „Niko" in den weiterführenden Aufgaben die Frage nach subjektiv empfundener Zeit existiert. Sie hat dort jedoch nur den Stellenwert einer Randnotiz und wird nicht zentral behandelt (vgl. Aa4).

(S. 91). Darüber hinaus werden in den weiterführenden Aufgaben Anregungen geboten, die sich zum Beispiel mit Redewendungen zum Schlagwort „Zeit" oder sogenannten „Zeiträubern" beschäftigen (S. 92). Im Anschluss erfolgen zunächst bewährte Behandlungen historischer Aspekte („Schule früher", „Steinzeitmenschen" etc.), bevor zum Schluss des Kapitels die Zeitdimension „Zukunft" erneut stark subjektiv thematisiert wird.

Mit Ausnahme der historischen Kontexte kann dem gesamten Kapitel die Intention unterstellt werden, Kinder im Grundschulalter vermutlich erstmals und systematisch über „Zeit" als bedeutende Größe nachdenken zu lassen. Der subjektive Bezug durchzieht nahezu das gesamte Kapitel und behält auch in den begleitenden Aufgabenstellungen stets die individuelle Beziehung zum Thema „Zeit" bei. An vielen Stellen finden sich Anregungen, die Anlässe zum Diskutieren und Philosophieren bieten – zum Beispiel „Warum wird das Leben hier als Fluss dargestellt? Vermute." (Birchinger & Krekeler 2018, S. 91) oder „Ist es wichtig, über seine Zukunft nachzudenken? Diskutiert darüber." (Birchinger & Krekeler 2018, S. 101). Zum didaktisch-pädagogischen Potential diskussionszentrierter Lernformen, die auch das Philosophieren mit Kindern miteinbeziehen, sei an die entsprechende Stelle dieser Arbeit für nähere Ausführungen verwiesen (vgl. S. 123).

Zur inneren Konsistenz derjenigen Kapitel, die subjektive Bezüge aufweisen, lässt sich festhalten, dass zumeist eine plausible Sequenzierung der Inhalte vorgenommen wurde. Als Beispiel sei erneut die Reihe „Niko" des Klett-Verlags erwähnt, bei der beispielsweise zunächst die private Freizeit allgemein zum Thema gemacht wird, bevor der zeitliche Horizont von der Woche auf das ganze Leben schnell vergrößert, bis schließlich die Zukunft selbst behandelt wird. Auch anderen Verlagen, etwa dem Diesterweg-Verlag in seiner Reihe „Bausteine", gelingt eine nachvollziehbare inhaltliche Progression. In seinem Schulbuch zum 2. Schuljahr zum Beispiel wird das Kapitel mit dem Phänomen zum subjektiven Zeitempfinden eröffnet und geht dann – wenn auch ohne erkennbare Verknüpfung – zum Basteln eigener Zeitmesser über, bevor zum Schluss die klassische Zeigeruhr besprochen wird (vgl. Bourgeois-Engelhard & Drechsler-Köhler 2008, S. 48).

Neben den zuvor erwähnten gelungenen Beispielen gilt es jedoch zu erwähnen, dass keine der untersuchten Schulbuchreihen den Anspruch der thematischen Vollständigkeit bezüglich subjektiver Aspekte zum Thema „Zeit" erfüllt. Selbst bei den oben positiv hervorgehobenen Buchreihen mangelt es entweder an ganzen elementaren Teilbereichen („Niko": subjektives Zeitempfinden nicht behandelt) oder an reflexiven Elementen (vgl. Tabelle 9.5).

9.7.2 Ergebnisse 2. Hauptkategorie: „Linear + Zyklisch"

Auch zu den Fundstellen mit linearen und zyklischen Veranschaulichungen kann eine starke Häufung im 2. Schuljahr festgestellt werden. Angesichts der in diesem Schuljahr geleisteten, verlagsübergreifenden Einführungen in zeitliche Basisstrukturen (Tag, Woche, Monat, Jahr) erscheint ein verdichtetes Aufkommen solch begleitender Illustrationen plausibel. Die Verteilung linearer und zyklischer Formen treten dabei quantitativ in einem ausgewogenen Verhältnis auf, wenngleich sich innerhalb bestimmter Verlagsreihen – womöglich bewusste – Präferenzen für eine der beiden Darstellungsarten abzeichnen.

Im Übergang zu den höheren Klassenstufen 3 und 4 findet im Allgemeinen eine Verlagerung zu linear geprägten Verbildlichungen statt. Die naheliegende Erklärung ist die Verschiebung des curricularen Inhaltsbereichs „Zeit und Kultur" auf historische Kontexte. Im Zuge der oft ähnlichen Themen wie „Steinzeit(-menschen)", „Schule vor 100 Jahren", aber auch anderen mehr geschichtlich, weniger „zeitlich" betrachteten Lerninhalten werden häufig Zeitleisten mit Jahres- oder Jahrhundertangaben verwendet, die allesamt linear zu interpretieren sind.

Als weitere interessante Auffälligkeit soll genannt werden, dass den einzelnen kalendarischen Grundbestandteilen (Tag, Woche, Monat, Jahr) sehr häufig jeweils nur *eine* der beiden Darstellungsarten zugeordnet werden kann. Der Tag und das Jahr beispielsweise werden bis auf seltene Ausnahmen zyklisch dargestellt (Aa2, Ac2, Ca2, Cb2, Da2), während für die Woche fast immer lineare Anordnungen gewählt werden (Aa2, Ac2, Ca2). In dieser Hinsicht stellt die Woche als Zeiteinheit jedoch eine Ausnahme dar, da sonst nur bei prozessbezogenen Zeitthemen (Leporello, Altern, Leben, Vergangenheit-Gegenwart-Zukunft etc.) auf lineare Darstellungsformen zurückgegriffen wird.

Exemplarisch für die Mischformen von kombinierten, linear-zyklischen Veranschaulichungen seien die spiralartig dargestellte Abfolge eines Tages (Db2: Christ 2013b, S. 28) und der unregelmäßig kurvenreiche Verlauf des „Lebensflusses" (Birchinger & Krekeler 2018, S. 91) erwähnt. In der direkten Gegenüberstellung werden Stärken und Schwächen einer Verknüpfung beider Auslegungen unmittelbar deutlich: während sich die dahinterliegende didaktische Absicht aus den „Umwegen" des abgebildeten Lebensflusses den Schüler*innen zügig erschließen mag, kann dies bei der durchaus kreativen Tagesspirale bezweifelt werden (vgl. Abbildung 9.8). Der spitze Auslauf am oberen Rand der Spirale bildet die Möglichkeit eines Anschlusses, auf den ein weiterer Tag folgen soll, nicht erkennbar ab. Die Darstellung ist in dieser Hinsicht zumindest fragwürdig, vor allem, da weder in den begleitenden Aufgaben noch im umrahmenden Einführungstext direkt Bezug zu dieser außergewöhnlichen Darstellung eines Tagesablaufs genommen wird.

Abbildung 9.8 Beispiele zweier Mischformen linear-zyklischer Veranschaulichungen eines zeitlichen Fortschritts. Links: Spiralförmiger Entwurf am Ablauf eines Tages, entnommen aus (Christ 2013b, S. 28). Rechts: Der Lebensfluss als Kombination linear idealisierter Lebenswege und wellenartiger Zyklen, entnommen aus Birchinger & Krekeler 2018, S. 91

Ein gelungenes Beispiel für die Sensibilisierung für Darstellungen von Zeit (-räumen) bietet der Schroedel-Verlag in seiner Reihe „Pusteblume" an. In seinem Sachbuch zur 4. Klasse wird unter der Leitfrage „Wie kann man Zeit sichtbar machen?" (Kraft 2010b, S. 112) die Darstellung von Zeiträumen mit Hilfe einer Zeitleiste erläutert. Wenngleich keinerlei Bezug zu alternativen Möglichkeiten der Illustrierung eines Zeitverlaufs genannt werden, ist diese direkte Auseinandersetzung zur Aufzeichnung von Zeitspannen in allen untersuchten Lehrmitteln einzigartig. Ein solcher Einschub aus der Meta-Ebene wäre beispielsweise zur zuvor betrachteten Tagesspirale hilfreich gewesen, auch, um die Perspektive auf andere, interessante Themenbereiche lenken zu können (vgl. Tabelle 8.1).

Zusammenfassend lässt sich konstatieren, dass innerhalb einer Buchreihe zumeist eine hohe illustrative Konsistenz herrscht. Nur selten gibt es im Verlauf einer Reihe wechselnde Darstellungsformen zu *einer* Zeitgröße (zum Beispiel „Tag" mal zyklisch, mal linear). Die beobachtete Konsistenz spiegelt sich demzufolge auch in verlagsbezogenen linearen oder zyklischen Schwerpunkten wider, wobei häufiger eine lineare Dominanz festgestellt werden kann („Pusteblume" [B], „Bausteine" [C]). Die zyklischen Formen treten verstärkt im 2. Schuljahr auf, während die linearen Darstellungen, etwa bei Zeitskalen, in ihrer Häufigkeit mit zunehmender Klassenstufe wachsen.

Sehr selten bleiben Mischformen oder gar Reflexionen über die Darstellung bzw. bildliche Vorstellung von Zeit an sich („Niko" [A], „Pusteblume" [B], „Jo-Jo" [D]). So lobenswert die erwähnten Ansätze auch sind, erfüllen auch zuletzt aufgeführte Verlage einzeln betrachtet nicht den Anspruch einer vernetzenden und breiten Behandlung eines erstrebenswerten inhaltlichen Spektrums.

Im Exemplar des Bayerischen Schulbuchverlags „Schlag nach im Sachunterricht" fehlen Veranschaulichungen zum Thema „Zeit" nahezu komplett.

9.7.3 Ergebnisse 3. Hauptkategorie: Analog + Digital

Die Hauptkategorie zu analogen und digitalen Formaten weist im Vergleich zu den anderen Untersuchungskategorien die quantitativ wenigsten Fundstellen auf. Eine Gemeinsamkeit liegt jedoch in der starken Konzentration auf das 2. Schuljahr, in dem verlagsübergreifend so gut wie immer die Uhr besprochen wird (Aa3, Ba3, Cb3, Ea3). Als erster Erklärungsansatz für die geringe Anzahl an Fundstellen sei auch an die restriktive Fokussierung auf explizite Thematisierungen der unterschiedlichen Formate erinnert (vgl. 9.5, Kapitel 3), bei der rein dekorative Darstellungen von Uhren nicht berücksichtigt worden sind.

Bei noch strengerer Auslegung der Aufnahmekriterien für diese Hauptkategorie wäre es schlussendlich ein einziger Verlag bzw. eine Fundstelle gewesen, in der das analoge und digitale Format relational angesprochen werden (vgl. Abbildung 9.9).

Allgemein zum Umfang und der inhaltlichen Schwerpunktsetzung lässt sich festhalten, dass das analoge Format in den allermeisten Schulbuchreihen stark dominiert (zum Beispiel Cb3, Ea3, Aa3). Die Zeigeruhr dient den Autor*innen dabei zumeist als bildlicher und inhaltlicher Ausgangspunkt, um die Funktion und/oder Vielfalt analoger Uhren zu beschreiben. Angesichts der oben besprochenen Trivialität des Ablesens einer Digitaluhr erscheint die analoge Präferenz zunächst plausibel. Dennoch sind in vorangegangenen Kapiteln der vorliegenden Arbeit (vgl. 8.2) interessante Aspekte aufgezeigt worden, die beispielsweise die zuvor abgebildete Schulbuchpassage (vgl. Abbildung 9.9) hinsichtlich eines Vergleichs der beiden Uhrzeitformate bereichern können.

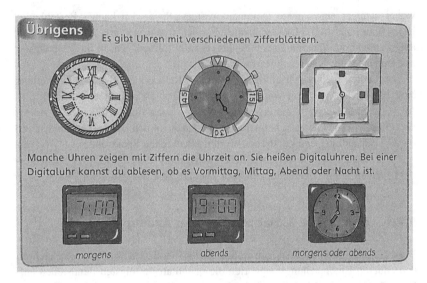

Abbildung 9.9 Fundstelle Ba3 als einziges Beispiel für die direkte Thematisierung des analogen und digitalen Uhrzeitformates. Entnommen aus: Kraft 2009, S. 76

Im Umgang mit verschiedenen Uhr-Typen und deren Formaten offenbaren sich teils fragwürdige inhaltliche Ausgestaltungen. In der einführenden Betrachtung verschiedener „Uhren" – es sind digitale, Tageszeit- und Intervalluhren aufgeführt – versäumt der Klett-Verlag beispielsweise, die Formate an sich zu besprechen und auf deren Vor- und Nachteile einzugehen (Aa3). Der Fokus liegt hier lediglich auf den Einsatzgebieten der verschiedenen „Uhren". In einem vergleichbaren Kapitel des Diesterweg-Verlags sind die wenigen Abbildungen der Uhren qualitativ deutlich schlechter und in ihrer Abbildungsgröße nur knapp über der Grenze der didaktischen Tauglichkeit (Cb3). Der „Bausteine"-Reihe ist in dieser Hinsicht allerdings zuzuhalten, dass der Bau einer digitalen Uhrzeitanzeige ein Alleinstellungsmerkmal darstellt (vgl. Bourgeois-Engelhard & Drechsler-Köhler 2008, S. 51). Auch die abschließende Fragestellung der „Denk mal nach"-Einheit zum Thema Uhr „Was wäre, wenn es keine Uhren gäbe?" (Bourgeois-Engelhard & Drechsler-Köhler 2008, S. 51) ist (philosophie-) didaktisch wertvoll, da sie auf eine reflexiv-kreative Auseinandersetzung abzielt.

Zusammenfassend lässt sich sagen, dass die Formate der Uhren so gut wie nie als eigenständiger Aspekt herausgehoben werden. In den allermeisten Fällen entsteht der Eindruck, dass analoge und digitale Anzeigetypen naturgegeben und bei Grundschüler*innen als bereits bekannt vorausgesetzt werden. Dabei bleiben jedoch Fragen zurück, die sich zum Beispiel mit der Berechtigung der analogen Dominanz (zum Diskurs der Aktualität vgl. 4.1), aber auch mit der verlagsübergreifenden Vermeidung einer direkten Thematisierung beider Formate beschäftigen.

9.8 Schlussbewertung

Tabelle 9.5 Übersicht zur Verteilung verschiedener Unterthemen der untersuchten Hauptkategorien der Schulbuchanalyse. Größe der Punkte geben Auskunft über Häufigkeit und Umfang. Die Themenkürzel von links nach rechts bedeuten: SZ = Subjektives Zeitempfinden, R = Reflexionen zum Thema Zeit, SuO = Subjektives Zeitempfinden und objektives Zeitmaß miteinander verknüpft, LD = Lineare Dominanz, ZD = Zyklische Dominanz, LZ = Mischform aus linearen und zyklischen Darstellungen, AD = Analoge Dominanz, DD = Digitale Dominanz, TF = Thematisierung der Formate

	Subjektivität			Linear + Zyklisch			Analog + Digital		
Themen:	SZ	R	SuO	LD	ZD	LZ	AD	DD	TF
Niko		●		•	•	•	•		•
Pusteblume	●		●	•			•		●
Bausteine	●			●			●		
Jo-Jo	●				●	•			
Schlag nach im SU				•					

Beschreibung zu Häufigkeit und Umfang:
Tabelle 9.5 gibt einen zusammenfassenden Überblick über alle untersuchten Verlagsreihen, Hauptkategorien und ihnen untergliederten Themenbereichen. Neben dem Vorhandensein an sich geben die aufgeführten Punktsymbole mit ihrer Abbildungsgröße Aufschluss über die Häufigkeit des entsprechenden Themengebiets (Spalte) innerhalb der jeweiligen Schulbuchreihe (Zeile).

Aus der vergleichenden Übersicht aller herangezogenen Verlage geht augenscheinlich eine sehr heterogene Verteilung hervor. Betrachten wir die Anordnung zunächst horizontal, fällt auf: allein an der Vielfältigkeit und Häufigkeit gemessen, stechen die Lehrwerkreihe „Niko" des Klett-Verlags (Maximum) und „Schlag nach im Sachunterricht" (Minimum) heraus. „Niko" deckt demnach von allen untersuchten Verlagen das breiteste inhaltliche Spektrum ab (6 von

9 Themenaspekten behandelt), während „Schlag nach im Sachunterricht" dem Inhaltsbereich „Zeit" kaum Behandlungsvolumen einräumt.

Wenngleich in der Reihe „Niko" quantitativ die meisten Fundstellen zu allen Themengebieten registriert wurden, erreicht „Pusteblume" hingegen die ausgeprägteste Behandlungstiefe. Die Intensität der qualitativen Betrachtung wird hier in Form von insgesamt drei groß dargestellten Punkten repräsentiert. Auch die Reihen „Bausteine" und „Jo-Jo" reichen mit geringen Defiziten an diese Ausprägung heran, verfügen aber über keine gleichwertig zu gewichtende Bandbreite in der thematischen Gesamtbetrachtung.

In der vertikalen Perspektive zeigen sich deutliche verlagsübergreifende Schwerpunkte. In der ersten Hauptkategorie zur „Subjektivität" sticht das subjektive Zeitempfinden als häufigster und umfangreichster Aspekt heraus. Wenn es ins Lehrwerk integriert wird, nimmt es dementsprechend – auch methodisch – großen Raum ein.

In der zweiten Hauptkategorie zu linearen und zyklischen Veranschaulichungen rund um das Thema „Zeit" kann sehr häufig eine lineare Dominanz festgestellt werden. Einzig in der Cornelsen-Reihe „Jo-Jo" herrschen zyklische Verbildlichungen vor.

Im dritten und letzten Bereich zu analogen und digitalen (Uhrzeit-) Formaten ist besonders die durchgehende Abstinenz von digitalen Häufigkeiten erwähnenswert. In nahezu allen Schulbüchern finden sich selbstredend Digitaluhren, doch sie kommen fast nie über den Status einer Randbemerkung hinaus.

Bewertung der Ergebnisse und didaktische Ableitungen:

Eine zentrale Erkenntnis ist die Unvollständigkeit jeder herangezogenen Schulbuchreihe, wenn sie an allen thematischen Einzelaspekten gemessen wird. Als Erklärungsansatz kann die jeweilige Schwerpunktsetzung mit entsprechender Behandlungstiefe genannt werden, wenngleich bei den meisten Verlagen auch in der Themenauswahl große inhaltliche Lücken klaffen. Die Priorisierung bei „Niko" beispielsweise erscheint sinnvoll und wird konsequent verfolgt, verbleibt am Ende aber dennoch mit dem Makel der Unvollständigkeit, da das subjektive Zeitempfinden gänzlich ausgespart wird.

Ein weiteres Versäumnis findet sich in der so gut wie nie erfolgenden Verknüpfung von subjektiv empfundener und objektiv gemessener Zeit. In den meisten Schulbüchern, die das subjektive Zeitempfinden thematisieren, wird auf das Phänomen der verzerrten Wahrnehmung von Zeitspannen eingegangen. Auf der Strecke bleibt dabei jedoch der erkennbare Gedankensprung der Notwendigkeit einer gemeinsamen, objektiven Zeit, die nahezu störungssicher funktioniert.

An dieser Stelle könnte ein Ansatz hilfreich sein, der in eine konfliktartige Situation führt, die die Untauglichkeit von zeitlichen Verabredungen auf Grundlage subjektiver Schätzungen demonstriert. Als Lösung kann dann die Uhr oder ein anderes subjekt-unabhängiges Instrument präsentiert werden.

Welche Potentiale im weit gefassten Themenbereich „Zeit" schlummern, zeigt der Klett-Verlag in Ansätzen. In seiner Reihe „Niko" wählt er als einziges unter anderem einen individuell-reflexiven Schwerpunkt, der viele seiner Unterthemen durchzieht. Hier werden persönlich bedeutsame Perspektiven eröffnet, mit deren Abwesenheit der naturwissenschaftliche Fachbereich, vor allem in der Schule, häufig geizt. Für entsprechende Anregungen in der individuell-reflexiven Auseinandersetzung mit dem Phänomen „Zeit" sei an 8.2.3 verwiesen.

Die deutlich dokumentierte Unterrepräsentation von digitalen Uhrzeitformaten geht ebenfalls aus der Schulbuchanalyse hervor. Vor dem Hintergrund des Querschnittscharakters der Digitalisierung und gemessen an der Lebensrealität von Kindern in der heutigen Zeit erscheinen die herangezogenen Lehrwerke dringend überarbeitungswürdig. Im Zuge dessen hat die vorliegende Arbeit kreative Ansätze vorgeschlagen, wie beispielsweise analoge und digitale Formate didaktisch miteinander verarbeitet werden können.

Zusammenfassend lässt sich konstatieren, dass es unter dem Blickwinkel der angewandten Hauptkategorien allen untersuchten Schulbuchreihen an elementaren Bestandteilen zum Thema „Zeit" mangelt. Misst man die einzelnen Verlage aneinander, werden wechselseitig teils große Lücken offenbart. Ein theoretisches Paradebeispiel bestünde dann darin, alle Aspekte synergistisch zusammenzuführen und in ein allumfassendes Lehrwerk für den Sachunterricht zu bringen. Auf diesem Wege wäre zumindest eine gewisse Vollständigkeit gewährleistet, wenngleich die zuvor aufgezeigten qualitativen Mängel noch nach einer Überarbeitung verlangten.

Zusammenfassung und Ausblick 10

Die Zeit ist ein faszinierendes Phänomen. Ihre Vielschichtigkeit kann in dieser Arbeit selbstredend nur angedeutet, aber dennoch einige didaktisch-pädagogisch wertvolle Annäherungen gewagt werden.

So haben wir gesehen, dass die Subjektivität von Zeit nicht nur begrifflich breit ausdifferenziert werden kann, sondern vor allem die daraus resultierenden Anknüpfungspunkte schon für die Grundschule lohnende Lernchancen bereithalten.

In besonderer Weise interessant sind Aspekte der Darstellung von Zeit und ihres „Verstreichens" unter grundschulrelevanten Blickwinkeln. Dabei rücken unter anderem analoge und digitale Formate der Uhrzeit in den Vordergrund, die sich in ihrer Zeitanzeige fundamental voneinander unterscheiden. Es konnte zum Beispiel aufgezeigt werden, wie und warum die beiden Formate auf ihren jeweiligen Abstrahierungsebenen agieren. Daraus lassen sich wichtige Erkenntnisse für den korrekten didaktischen Einsatz beider Zeitformate und auch ihrer Legitimität in den Lehrplänen ableiten.

Aber auch für die Ausbildung angehender Grundschullehrkräfte sind die Betrachtungen beider Uhrzeitformate von Bedeutung. Aus der Befragung ergibt sich beispielsweise ein hohes Maß an persönlicher Identifikation mit dem individuell gewählten Format, dessen Tragweite bis in die Unterrichtspraxis hinein kaum erkannt wird. Angesichts des deutlich unterrepräsentierten Anteils des Themas „Zeit" in der Hochschullehre für das Grundschullehramt sind kreative Vorschläge vonnöten, die es den Anwärter*innen erlauben, einen tieferen Einblick in das Phänomen „Zeit" zu gewähren. Dementsprechend enthält die Arbeit einige Abbildungen, die diesem Zweck dienlich sind.

Über die Verknüpfung von Raum und Zeit gelangen wir unweigerlich zu verräumlichten Hilfsvorstellungen von Zeit, die in der Grundschulliteratur häufig

P. Raack, *Zeit und das Potential ihrer Darstellungsformen*, MINTUS – Beiträge zur mathematisch-naturwissenschaftlichen Bildung, https://doi.org/10.1007/978-3-658-43355-0_10

Anwendung finden, deren Potentiale jedoch so gut wie nie optimal ausgeschöpft werden. Dabei bieten sowohl lineare als auch zyklische Veranschaulichungen von Zeit diverse Möglichkeiten der Entfaltung. Ein vielversprechender Ansatz findet sich im Philosophieren mit Kindern über Zeit, wozu zahlreiche Vorschläge anregen sollen.

Schlussendlich sind in der abschließenden Schulbuchanalyse Defizite im Umgang mit den zuvor angeführten Aspekten zum Themenfeld „Zeit" herausgearbeitet worden. Zusammengenommen existieren einige gute Ideen in den untersuchten Schulbuchreihen, doch sie verbleiben häufig im Stadium des Ansatzes und werden nicht adäquat eingesetzt. Am Einzelfall sind die Versäumnisse teilweise drastisch. Umso eindringlicher weist die vorliegende Arbeit auf den Verbesserungsbedarf im Umgang mit dem Phänomen „Zeit" hin, der nicht nur in dieser Schulbuchanalyse deutlich wird.

10.1 Rückblick auf die Fragestellungen

Im Zuge der vorliegenden Arbeit sollen die nachstehend erneut aufgeführten Fragen beantwortet werden (vgl. 1.1):

1) **Welche Modelle von subjektiver und objektiver Zeit eignen sich für die Grundschule?**
Die subjektive Zeit als eigenständiges Thema wird in der Grundschulliteratur häufig auf das individuelle Zeitempfinden beschränkt und vergibt demzufolge didaktisch-pädagogisches Potential. In Abschnitt 2.1.2 sind literaturgestützt Differenzierungen von subjektiver Zeit herausgearbeitet worden, die die Grenzen zwischen den verschiedenen Subjektivitätsformen von grundschulunterrichtlicher Relevanz klarer ausschärfen. Dabei konnte angedeutet werden, welche sensiblen Entwicklungsstufen ein Heranwachsender hinsichtlich seiner Zeitwahrnehmung durchläuft. Zur persönlichen Zeitperspektive etwa konnte gut anhand einer Abbildung veranschaulicht werden, vor welcher Herausforderung das Kind und sein infantiles Zeitbewusstsein zu Beginn steht und wie die subjektive, altersdynamische Entwicklung verläuft.

So konnte gezeigt werden, dass sich die subjektive Perspektive auf Zeit nicht bloß auf das fehleranfällige Wahrnehmen von erlebten Zeitspannen reduzieren lassen sollte, sondern vielmehr noch andere subjektive Aspekte in den Blick genommen werden können, die vor allem pädagogisch gut legitimiert werden können.

Für den Umgang mit der objektiven Zeit im Rahmen der Primarstufe sind weit weniger Auffächerungen vonnöten, da es sich dabei um eine vom Individuum gelöste, gemessene Zeit handelt. Von größter Bedeutung für den Erstkontakt in der Grundschule ist hierbei jedoch die klare Benennung und Verknüpfung von objektiver und subjektiver Zeit. Als geeignet erweist sich beispielsweise eine Variante, die die subjektive Zeit als menschliche Erfahrung und objektive Zeit als externe Weltzeit betrachtet.

2) **Welche didaktisch-pädagogisch relevanten Aspekte verbergen sich hinter analogen und digitalen Uhrzeitformaten? Welche Forderungen und Empfehlungen für den Unterricht und die Lehrer*innenausbildung lassen sich für die jeweiligen Zeitformate daraus ableiten?**

Im Zuge der oben erörterten Debatte um die Abschaffung analoger Formate konnten Aspekte aufgezeigt werden, die den fortwährenden Platz beider Formate im Kerncurriculum nach wie vor legitimieren. Die mit der Erlernung des analogen Formates einhergehenden Anforderungen stehen in ausgewogenem Verhältnis zu deren Mehrwert, wie es beispielsweise auch von kognitions-psychologischer Forschungsseite untermauert wird. Aber auch die digitale Anzeige verfügt über triftige Vorzüge, die in einer digitalisierten und sich stetig beschleunigenden Gesellschaft unabwendbar erscheinen.

Für den alltäglichen, praktischen Nutzen im Bereich des Grundschulunterrichts lässt sich konstatieren, dass beide Formate gelehrt werden müssen. Sowohl in der verräumlichten Lösung der Zeigeruhr als auch in der schnellen, digitalen Zeitausgabe liegen Vorteile begründet, wenngleich der Zeigeruhr bisher ungeahnte, vielleicht unbekannte Potentiale inne liegen, die anhand des Abstraktionsspektrums erläutert werden konnten. Die „Gleichbehandlung" beider Formate – die die Mehrdimensionalität des Phänomens Zeit betonen soll – in der Unterrichtspraxis ist demzufolge empfehlenswert.

3) **Wie beurteilen Lehramtsanwärter*innen analoge und digitale Zeitformate?**
Die dreiteilige Befragung von angehenden Grundschullehrkräften brachte einen sehr subjektiven Bezug zum präferierten Format hervor. Den Antworten der Anwärter*innen konnte demnach ein hohes Maß an persönlicher Identifikation mit dem bevorzugten Zeitformat zugesprochen werden. Als eine der aufschlussreichsten Beobachtungen gilt es zu erwähnen, dass für viele Teilnehmende die „Schnelligkeit" der Uhrzeitermittlung kein alles entscheidender Faktor ist, sondern Aspekte wie „Praktikabilität", „Einfachheit" oder „Ästhetik" bei der Wahl des persönlichen Uhrzeitformates eine Rolle spielen. Interessant wären weitergehende Untersuchungen, die womöglich Rückschlüsse von der Wahl des Uhrzeitformates auf den persönlichen Umgang mit Zeit ziehen.

Aus dem abschließenden Meinungsblock der Befragung ging zudem eine offenbar immer noch geltende Bedeutsamkeit der Zeigeruhr hervor, die sich aber nicht in den Antworten zum subjektiv bevorzugten Format widerspiegelt. Ein daraus abgeleiteter Auftrag an die Sachunterrichtsdidaktik muss in eine stärkere Akzentuierung der Analoguhr sowohl in Ausbildung der Grundschullehrkräfte als auch in unterrichtlicher Praxis münden.

4) **Welcher didaktische Gewinn liegt in der Verknüpfung von Zeit und Raum?**
Die Analoguhr mit ihren sich stets bewegenden Zeigern stellt den Inbegriff der Verräumlichung zeitlicher Prozesse dar. Ausgehend von dieser alltäglichen Erfahrung und dem mit den Jahren „angelernten" Gefühl für die Geschwindigkeit des Zeitverstreichens stellt sich die Frage, welche Basisfähigkeiten dafür erforderlich sind und in der Grundschule gelehrt werden sollten.

Schon in der Definition der objektiven Zeit nach DETEL haben wir gesehen, dass Zeit nie direkt gemessen, sondern nur über (mechanische) Bewegungen erfasst und anschließend quantifiziert werden kann. Räumlichen Vorgängen sollte im buchstäblichen Sinne mehr Raum im Erlernen der Zeit zugestanden werden, die sich beispielsweise um die behandelten Zeitindikatoren Kinematik, Dynamik, Kausalität und Irreversibilität ranken. Der didaktisch-pädagogische Gewinn der Verknüpfung von Zeit und Raum liegt demnach in der praktischen, experimentell-orientierten Erfahrung von zeitlichen Vorgängen unterschiedlicher Bewegungs- und Veränderungszuständen. Auf diese Weise kann dem Phänomen „Zeit" mehr didaktische Tiefe verliehen werden und rückt gleichzeitig seine Allgegenwärtigkeit stärker ins Bewusstsein.

5) **Über welche didaktisch-pädagogisch verwertbaren Potentiale verfügen lineare und zyklische Hilfsvorstellungen zum Thema „Zeit"?**
Unter Vorwegnahme der Schulbuchanalyse konnte gezeigt werden, dass verschiedene Darstellungsformen von Zeitverläufen in der Schulbuchlandschaft lose koexistieren. Die Potentiale solcher Verbildlichungen sind also bekannt und in Verwendung, werden aber nicht ausgeschöpft und erwecken in der Theorie den Eindruck der Unausgegorenheit. So scheint die Wahl teilweise einer Willkür zu unterliegen, wie eine bestimmte Zeitspanne (Tag, Woche, Monat) dargestellt wird – mal linear, mal zyklisch. Das größte Versäumnis liegt in der Nichtbeachtung ebensolcher Veranschaulichungen: warum stellen wir uns Zeit wie eine Strecke vor? Warum erinnern uns so viele Verbildlichungen von Zeit an einen Kreis?

An dieser Stelle konnten kreative Anregungen entwickelt werden, die insbesondere das Philosophieren mit Kindern über Zeit unterstützen. Die im Vorfeld behutsam aufbereiteten Aspekte dieser Arbeit konnten dort integriert werden und erfordern gleichsam eine Implementierung genannter Inhalte schon in den Ausbildungsweg an der Hochschule für Anwärter*innen des Grundschullehramtes.

6) **Wie und mit welchen Intentionen werden Veranschaulichungen von „Zeit" in Lehrbüchern des Sachunterrichts eingesetzt?**
In den analysierten Schulbüchern können sowohl lineare als auch zyklische Darstellungsformen für das Vergehen von Zeit ausgemacht werden. Andere Formen bleiben die absolute Ausnahme. Die damit einhergehenden didaktischen Absichten bleiben weitgehend ungeklärt und auch die aufgezeigte, fruchtbare Wechselseitigkeit der Anschauungsformen ungenutzt.

Neben den Veranschaulichungen konnte in der Schulbuchanalyse ebenfalls gezeigt werden, dass die subjektiv empfundene und die objektiv gemessene Zeit so gut wie nie (sinnvoll) miteinander verknüpft und/oder didaktisch aufbereitet werden.

Auch im Bereich zum individuellen Umgang und der Reflexion/ Philosophie zur Zeit bestehen massive Mängel, die allein mit der häufig anzutreffenden Behandlung des subjektiven Zeitempfindens als eine Art „Inselthema" nicht aufgefangen werden können. Zudem werden die analogen und digitalen Uhrzeitformate kaum *direkt* behandelt und müssen stärker als Unterrichtsgegenstand in den Mittelpunkt gerückt werden, wenn der Sachunterricht laut Kernlehrplan (vgl. 9.1) zur Entwicklung eines Zeitbewusstseins beitragen soll.

Zusammenfassend lässt sich sagen, dass im weiten Themenfeld der Zeit bisher nicht genutzte Potentiale für den didaktisch-pädagogischen Einsatz brachliegen. Also hat die vorliegende Arbeit zunächst die notwendige theoretische Vorarbeit geleistet (Frage 1), die vorherrschenden Uhrzeitformate unter diverse, schulrelevante Lupen genommen (Frage 2), subjektive Hintergründe von Uhrzeit-Nutzenden beleuchtet (Frage 3), anschaulichkeitsdienliche Abläufe zum Erfassen von Zeit entworfen (Frage 4), die wichtigsten Modelle zur mentalen Vorstellung von Zeit untersucht (Frage 5), um schlussendlich eine Schulbuchanalyse hinsichtlich des Themas Zeit durchzuführen, die die zuvor genannten Aspekte in den Blick nimmt (Frage 6).

Wie wir sehen können, scheint das Thema Zeit so vielfältig einsetzbar wie vielleicht kein anderes zu sein. Auch in der Grundschule kann es dazu dienen, Kinder mit einem strukturierenden Konzept von Zeit auszustatten, anstatt sie bloß in die Zeitabläufe unserer Erwachsenen-Gesellschaft zu integrieren. Darüber hinaus können wir den Kindern einen Zeitbegriff bzw. ein Zeitkonzept mit auf den Weg geben, das es ihnen erlaubt, über das eigene Wirken in ihrer persönlichen Zeit zu reflektieren. Ganz gleich, ob es sich dabei um einen kritischeren Blick auf Uhrzeitformate oder bewusst wahrgenommene Anlässe der Reflexionen über biographische Zeit-Marken handelt.

Es wäre so viel gewonnen, wenn wir der natürlichen Neugier der Kinder zum Thema Zeit mehr anbieten können als nur die Technik, wie die Uhrzeit abzulesen ist.

10.2   Ausblick

Im Verlauf der Arbeit haben sich zahlreiche Anknüpfungspunkte ergeben, die an entsprechender Stelle jedoch nicht ausgeführt werden konnten. Eine kleine Auswahl davon soll zum Schluss erläutert werden.

Von Interesse wäre beispielsweise die fortschreitende Entwicklung des analogen Formates und dessen Einsatz in der Grundschule. Verschwinden analoge Formate immer mehr aus der Grundschulpraxis, weil die angehende Lehramtsgeneration in einer digitalisierten Welt aufgewachsen ist? Welche Konsequenzen hat das auf Grundschulabsolvent*innen beim Übergang zu weiterführenden Schulen? Sind Kompetenzen hinzugewonnen worden und/oder sind welche verloren gegangen?

Einen weiteren Anknüpfungspunkt stellt die Ausbildung von künftigen Grundschullehrkräften dar. Hier bietet die vorliegende Arbeit zahlreiche Ansätze, die zum Anlass genommen werden können, vertiefende (Wahlpflicht-) Seminare, ergänzende Lehrveranstaltungen oder größere Anteile an bestehenden Modulen zum Themenkomplex „Zeit" anzubieten. Denkbar und wünschenswert wäre eine fachübergreifende Verzahnung theoretisch entwickelter Konzepte – etwa zum Philosophieren mit Kindern über Zeit oder praktische Experimente, die das Zeitverstreichen veranschaulichen – und deren Erprobung in der Praxis als verbindendes Element von Hochschullehre und handlungsorientierten Unterrichtserfahrungen. Nur wenn Lehramtsanwärter*innen bereits im Studium intensiven Kontakt mit dem weit gefassten Themenfeld „Zeit" hatten, kann davon ausgegangen werden, dass sich dies mit gesteigerter Wahrscheinlichkeit in der Unterrichtspraxis niederschlagen wird.

Außerdem hat die Schulbuchanalyse rund um die Verwendung von linearen und zyklischen Darstellungen des Zeitvergehens unter anderem gezeigt, dass es an integrativen Modellen zur Veranschaulichung mangelt. Ein solches könnte auf Grundlage der in der Analyse aufgezeigten Defizite entworfen werden, das das sich wechselseitig ergänzende Potential linearer und zyklischer Vorstellungen von Zeit in den Mittelpunkt rückt.

Denn wie so oft im Leben liegt die Wahrheit nicht im einen oder anderen Extrem – sondern in der goldenen Mitte.

Literaturverzeichnis

Ahlgrim, Tobias. (2017). *Schulbücher im Sachunterricht – welche Themenauswahl bieten sie? Eine inhaltsanalytische Studie zu ausgesuchten Lehrwerken.* Hildesheim: Universitätsverlag Hildesheim.

Berendes-Luckau, R. & Mayer, W. G. (Hrsg.). (2005). *Schlag nach im Sachunterricht* (Ausg. D für Nordrhein-Westfalen, 1. Aufl., [Nachdr.]. München: Bayerischer Schulbuch-Verl.

Berendes-Luckau, R. & Mayer, W. G. (Hrsg.). (2004). *Schlag nach im Sachunterricht* (1. Aufl., [Nachdr.]. München: Bayerischer Schulbuch-Verl.

Biebeler, Marga. (2012). Zeit kann man nicht haben – Zeit kann man sich lassen. https://die philosophin.de/tag/zyklische-zeit/.

Birchinger, Julia & Krekeler, Hermann. (2018). *Niko – Sachbuch* [Ausgabe SH, HH, HB, NW, HE, RP, SL ab 2017], 1. Auflage). Stuttgart: Ernst Klett Verlag.

Birchinger, Julia, Krekeler, Hermann & Kurt, Beate. (2017). *Niko – Sachbuch* [Ausgabe SH, HH, HB, NW, HE, RP, SL ab 2017], [Allgemeine Ausgabe], 1. Auflage). Stuttgart: Ernst Klett Verlag.

Blum, Werner & Leiß, Dominik. (2005). Modellieren im Unterricht mit der „Tanken"-Aufgabe. In: *mathematik lehren 2005* (128), 18–21.

Bölsterli, Katrin, Rehm, Markus & Wilhelm, Markus. (2010). Die Bedeutung von Schulbüchern im kompetenzorientierten Unterricht – am Beispiel des Naturwissenschaftsunterrichts. In: *Beiträge zur Lehrerinnen- und Lehrerausbildung 28* (1), 138–146. https://www.pedocs.de/volltexte/2017/13739/pdf/BZL_2010_1_138_146.pdf. Zugegriffen: 23.07.2020.

Borchardt, Ludwig. (1920). *Altägyptische Zeitmessung* (Die Geschichte der Zeitmessung und der Uhren, / hrsg. v. Ernst v. Bassermann-Jordan ; Bd 1, Lfg B). Berlin: De Gruyter.

Bormann, Manfred. (1978). Aspekte der Kognitionspsychologie von Jean Piaget. In: *Der Physikunterricht, 12,1978, H. 4 12* (4).

Boulton-Lewis, Gillian, Wilss, Lynn & Mutch, Sue. (1997). Analysis of primary school children's abilities and strategies for reading and recording time from analogue and digital clocks. In: *Mathematics Education Research Journal 9* (2), 136–151. https://doi.org/10.1007/BF03217308

Bourgeois-Engelhard, A. & Drechsler-Köhler, B. (Hrsg.). (2009). *Bausteine – Sachunterricht* [Neubearb.], Dr. A, 2). Braunschweig: Diesterweg.

© Der/die Herausgeber bzw. der/die Autor(en), exklusiv lizenziert an Springer Fachmedien Wiesbaden GmbH, ein Teil von Springer Nature 2023
P. Raack, *Zeit und das Potential ihrer Darstellungsformen*, MINTUS – Beiträge zur mathematisch-naturwissenschaftlichen Bildung, https://doi.org/10.1007/978-3-658-43355-0

Bourgeois-Engelhard, A. & Drechsler-Köhler, B. (Hrsg.). (2008). *Bausteine – Sachunterricht* [Neubearb., Niedersachsen, Nordrhein-Westfalen], Dr. A). Braunschweig: Diesterweg.

Bovet, Gislinde & Huwendiek, Volker. (2015). *Leitfaden Schulpraxis. Pädagogik und Psychologie für den Lehrberuf*. Berlin: Cornelsen Schulverlage.

Brandes, R., Lang, F. & Schmidt, R. F. (Hrsg.). (2019). *Physiologie des Menschen. Mit Pathophysiologie* (Springer-Lehrbuch, 32. Auflage). Berlin: Springer.

Brockhaus. (2019). Uhr, NE GmbH Brockhaus. https://brockhaus.de/ecs/permalink/D29004 4FE08020360FCE03E89E73F164.pdf.

Brockhaus. Zeit Defi. https://brockhaus.de/ecs/enzy/article/zeit.

Brönnle, Stefan. (2018). Die zyklische und die lineare Zeit. https://www.inana.info/blog/2018/11/10/zeit.html.

Bruner, Jerome S. & Harttung, Arnold. (1974). *Entwurf einer Unterrichtstheorie* (Sprache und Lernen, Bd. 5). Berlin: Berlin-Verl.

Bruner, Jerome S., Olver, Rose R. & Greenfield, Patricia M. (1971). *Studien zur kognitiven Entwicklung. Eine kooperative Untersuchung am „Center for Cognitive Studies" der Harvard-Universität* (1. Auflage). Stuttgart: Ernst Klett Verlag.

Bucay, Jorge. (2008). *Komm, ich erzähl dir eine Geschichte* (Limtierte Sonderausg.). Frankfurt am Main: Fischer.

Burger, H. (Hrsg.). (1986). *Zeit, Natur und Mensch. Beiträge von Wissenschaftlern zum Thema „Zeit"* (Ringvorlesung der Freien Universität Berlin). Berlin: Berlin-Verl. Spitz.

BVDW. (2016). Smartwatch-Studie. Gemeinsame Erhebung von Bundesverband Digitale Wirtschaft (BVDW) e.V., DAYONE GmbH und defacto digital research GmbH zur Verbreitung und Nutzung von Smartwatches in Deutschland, Bundesverband Digitale Wirtschaft´. https://www.bvdw.org/presseserver/SmartwatchStudie/Smartwatch-Studie_2016.pdf. Zugegriffen: 11.09.2019.

Callender, Craig. (2013). *Zeit* (Infocomics). Mülheim an der Ruhr: Tibia Press Verlag.

Calvert, Kristina. (1999). „Zeitmaschinen kann es nicht geben". Kinder philosophieren über die Zeit. In: *Grundschulmagazin 14* (12), 35–36.

Cambon, Pierre. (2007). *Afghanistan, les trésors retrouvés. Collections du Musée National de Kaboul; Musée National des Arts Asiatiques Guimet, 6 décembre 2006 – 30 avril 2007*. Paris: Editions de la Réunin des Musées Nationaux.

Carey, Susan. (1985). *Conceptual change in childhood* (A Bradford book). Cambridge, Mass.: MIT Pr.

Chiang, Ted. (2015). *Stories of your life and others*. London: Picador.

Christ, Anna. (2015). *Jo-Jo Sachunterricht* (Ausg. NRW, 1. Aufl.). Berlin: Cornelsen.

Christ, Anna. (2014). *Jo-Jo Sachunterricht* (Ausg. NRW, 1. Aufl.). Berlin: Cornelsen.

Christ, Anna. (2013a). *Jo-Jo Sachunterricht* (Ausg. NRW, 1. Aufl.). Berlin: Cornelsen.

Christ, Anna. (2013b). *Jo-Jo Sachunterricht* (Ausg. NRW, 1. Aufl.). Berlin: Cornelsen.

Der Spiegel. (2018). Lehrer diskutieren über die Abschaffung analoger Uhren. hhttps://www.spiegel.de/lebenundlernen/schule/grossbritannien-lehrer-diskutieren-ueber-die-abschaffung-analoger-uhren-a-1206027.html. Zugegriffen: 29.08.2019.

Detel, Wolfgang. (2021). *Subjektive und objektive Zeit. Aristoteles und die moderne Zeit-Theorie* (Chronoi, Band 2). Berlin: De Gruyter.

Dietrich, D. & Drechsler-Köhler, B. (Hrsg.). (2009). *Bausteine – Sachunterricht* [Neubearb., Niedersachsen, Nordrhein-Westfalen], Dr. A). Braunschweig: Diesterweg.

Duden. (2021). Zeit. https://www.duden.de/rechtschreibung/Zeit.

Duden. (2019a). analog. https://www.duden.de/rechtschreibung/analog_Adjektiv. Zugegriffen: 22.05.2019.

Duden. (2019b). digital. https://www.duden.de/rechtschreibung/digital. Zugegriffen: 05.06.2019.

Elschenbroich, Hans-Jürgen. (2017). Ein Brandbrief kommt selten allein. In: *MNU Journal 70* (3), 207–209. https://www.mathematik.de/images/Blog/DokumenteElschenbroich_MNU_3_2017_207209.pdf. Zugegriffen: 03.09.2019.

Elspaß, Stephan. (2005). Zum Wandel im Gebrauch regionalsprachlicher Lexik. Ergebnisse einer Neuerhebung. In: *Zeitschrift für Dialektologie und Linguistik 72* (1), 1–51.

Feierabend, Sabine, Rathgeb, Thomas & Reutter, Theresa (Medienpädagogischer Forschungsverbund Südwest (mpfs), Hrsg.). (2018a). JIM-Studie 2018. Jugend, Information, Medien. Basisuntersuchung zum Medienumgang 12- bis 19-Jähriger. https://www.mpfs.de/fileadmin/files/Studien/JIM/2018/Studie/JIM2018_Gesamt.pdf. Zugegriffen: 09.09.2019.

Feierabend, Sabine, Rathgeb, Thomas & Reutter, Theresa (Medienpädagogischer Forschungsverbund Südwest (mpfs), Hrsg.). (2018b). KIM-Studie 2018. Kindheit, Internet, Medien. Basisuntersuchung zum Medienumgang 6- bis 13-Jähriger. https://www.mpfs.de/fileadmin/files/Studien/KIM/2018/KIM-Studie_2018_web.pdf. Zugegriffen: 09.09.2019.

Foerster, Sven. (2018). Die Motor-Talker lieben es analog. https://www.motor-talk.de/news/die-motor-talker-lieben-es-analog-t6250714.html.

Franke, Marianne & Ruwisch, Silke. (2010). *Didaktik des Sachrechnens in der Grundschule* (Mathematik Primarstufe und Sekundarstufe I + II, Bd. 0, 2. Aufl.). Heidelberg: Spektrum Akademischer Verlag.

Friedman, William J. & Laycock, Frank. (1989). Children's Analog and Digital Clock Knowledge. In: *Child Development 60* (2), 357–371. https://doi.org/10.2307/1130982

Fuchs, Thomas. (2001). Phänomenologische Forschungen 2001. In: *Phänomenologische Forschungen 2001* (1), 59–77. https://doi.org/10.28937/1000107845

Geißler, Karlheinz A. & Geißler, Jonas. (2017). *Time is honey. Vom klugen Umgang mit der Zeit*. München: oekom verlag.

Götze, Daniela & Raack, Philipp. (2022). Comparison: Numbers, Quantities and Units. In: F. Dilling & S. F. Kraus (Hrsg.), *Comparison of Mathematics and Physics Education II. Examples of Interdisciplinary Teaching at School* (Springer eBook Collection, 1st ed. 2022, S. 79–90). Wiesbaden: Springer Fachmedien Wiesbaden; Imprint Springer Spektrum.

Goudsmit, Samuel A. & Claiborne, Robert. (1970). *Die Zeit* (Das farbige Life Bildsachbuch, Bd. 16). Reinbek bei Hamburg: Rowohlt.

Grevsmühl, Ulrich. (1995). Mathematik für Grundschullehrer. Ein Fernstudienlehrgang. Didaktisches Begleitheft zu E1–E4. http://www.grevsmuehl.de/material/forschung/2-1%2520Allgemeine%2520Studien/DIFF-Heft-%2520PDFs/2.%2520Handlungsorientierung%2520und%2520Veranschaulichung.pdf.

Grieß, Andreas (YouGov Deutschland, Hrsg.). (2016). Armbanduhr verliert für Generation Handy an Bedeutung. https://de.statista.com/infografik/4458/armbanduhr-verliert-fuer-generation-handy-an-bedeutung/. Zugegriffen: 09.09.2019.

DIN, 1319–2 (2005–10). *Grundlagen der Messtechnik*. Berlin: Beuth Verlag GmbH.

Halliday, D., Resnick, R., Walker, J. & Koch, S. W. (Hrsg.). (2009). *Physik* (2., überarb. u. ergänzte Aufl.). Weinheim: Wiley-VCH.

Hilbert, Anne. (2018). Kreisförmiges Schreiben = kreisförmiges Denken? Zeitwahrnehmung und Sprache im Science-Fiction-Film Arrival. In: *Praxis Deutsch 45* (267), 55–59.

Hohmann, Sascha. (2019). *Die Entwicklung der Sterne. Eine elementarisierte Betrachtung.* Siegen: universi – Universitätsverlag Siegen.

Höttecke, Dietmar. (2013). Bewerten – Urteilen – Entscheiden. Ein Kompetenzbereich des Physikunterrichts. In: *Naturwissenschaften im Unterricht: Physik 23* (134), 4–12.

Ils, Hannelore. (2017). Machen philosophische Gespräche tolerant und kreativ? Ergebnisse einer Studie. In: *kindergarten heute 47* (9), 45–46.

Invernizzi, Friederike (Forschung & Lehre, Hrsg.). (2021). Heimliche Sehnsucht nach dem Lockdown? https://www.forschung-und-lehre.de/zeitfragen/heimliche-sehnsucht-nach-dem-lockdown-4298. Zugegriffen: 14.07.2022.

Kaiser, Astrid. (2020). *1000 Rituale für die Grundschule* (12., unveränderte Auflage). Bielefeld: wbv Publikation; Schneider Verlag Hohengehren.

Karamanolis, Stratis. (1989). *Phänomen Zeit. Die unsichtbare kosmische Macht.* Neubiberg b. München: Elektra-Verl.-GmbH.

Kindler, Fintan. (2012). *Die Uhren. Ein Abriss der Geschichte der Zeitmessung* (Benzigers naturwissenschaftliche Bibliothek, Bd. 7, Reprint). Berlin: Historische Uhrenbücher.

Kircher, Ernst, Girwidz, Raimund & Häußler, Peter. (2010). *Physikdidaktik. Theorie und Praxis* (Springer-Lehrbuch, 2. Aufl.). Berlin: Springer.

Kirschner, Annika & Reinhold, Simone. (2012). Raumvorstellung schulen beim Umgang mit der Zeit. In: *Mathematik differenziert* (4), 28–35. Zeitschrift für die Grundschule.

Korvorst, Marjolein, Roelofs, Ardi & Levelt, Willem J. M. (2007). Telling time from analog and digital clocks. A multiple-route account. In: *Experimental psychology 54* (3), 187–191. https://doi.org/10.1027/1618-3169.54.3.187

Kraft, D. (Hrsg.). (2010a). *Pusteblume – das Sachbuch* [Hamburg, Hessen, Nordrhein-Westfalen, Saarland, Schleswig-Holstein], Neubarb., Druck A). Braunschweig: Schroedel.

Kraft, D. (Hrsg.). (2010b). *Pusteblume – das Sachbuch* (Neubearb., [Nordrhein-Westfalen, Grundschule], Dr. A). Braunschweig: Schroedel.

Kraft, D. (Hrsg.). (2009). *Pusteblume – das Sachbuch* [Hessen, Schleswig-Holstein], Neubearb., Druck A). Braunschweig: Schroedel.

Kraus, Simon F. & Raack, Philipp. (2018). Die Tücken der Bestimmung von Ort und Zeit. Längengradvergleiche durch Chronometerexpeditionen im 19. Jahrhundert. In: *Astronomie + Raumfahrt im Unterricht 55* (2), 30–34.

Lambert, Katharina. (2015). *Rechenschwäche. Grundlagen, Diagnostik und Förderung.* Göttingen: Hogrefe.

Lassonczyk, Anna. (2018). Unterschiedliche Zeitauffassungen: Zyklisch vs. Linear, Konkret vs. Abstrakt. Leben nach der Uhrzeit oder Leben nach der Ereigniszeit? https://www.intercultural-success.de/47-unterschiedliche-zeitauffassungen-zyklisch-vs-linear-konkret-vs-abstrakt/.

Leisen, Josef. (2010). *Handbuch Sprachförderung im Fach. Sprachsensibler Fachunterricht in der Praxis ; Grundlagenwissen, Anregungen und Beispiele für die Unterstützung von sprachschwachen Lernern und Lernern mit Zuwanderungsgeschichte beim Sprechen, Lesen, Schreiben und Üben im Fach.* Bonn: Varus-Verl.

Lenz, Johann. (2005). *Universalgeschichte der Zeit*. Wiesbaden: Marix.

Lerch, Hans-Jürgen. (1984). *Der Zeitbegriff im Denken des Kindes. Ein empirischer Beitr. zum Aufbau kognitiver Konzepte auf d. Basis d. Versuchsergebnisse von Piaget* (Pädagogische Anstösse, Bd. 2). München: Angerer.

Levelt, Willem J. M., Roelofs, Ardi & Meyer, Antje S. (1999). A theory of lexical access in speech production. In: *Behavioral and Brain Sciences 22* (01). https://doi.org/10.1017/S0140525X99001776

Lincoln, G. A. (2001). The irritable male syndrome. In: *Reproduction, fertility, and development 13* (7–8), 567–576. https://doi.org/10.1071/rd01077

Lipman, M. (Hrsg.). (1986). *Pixie* (Philosophieren mit Kindern). Wien: Hölder-Pichler-Tempsky.

Lüftner, W., Dietrich, D. & Drechsler-Köhler, B. (Hrsg.). (2010). *Bausteine – Sachunterricht* (Nordrhein-Westfalen, [Neubearb.], Dr. A). Braunschweig: Diesterweg.

Marelli Simon, Sibilla. (2006). „Das Leben als letzte Gelegenheit". Zeitempfinden und Gesundheit. https://www.radix.ch/files/20W74WQ/marelli_simon.pdf. Zugegriffen: 06.02.2020.

Maye, Harun. (2010). Was ist eine Kulturtechnik? In: L. Engell & B. Siegert (Hrsg.), *Kulturtechnik* (Zeitschrift für Medien- und Kulturforschung, Bd. 1, S. 121–135). Felix Meiner Verlag.

Mayring, Philipp. (2010). *Qualitative Inhaltsanalyse. Grundlagen und Techniken* (Neuausgabe). s.l.: Beltz Verlagsgruppe.

Meder, Norbert. (1989). *Kognitive Entwicklung in Zeitgestalten. Eine transzendental-philosophische Untersuchung zur Genesis des Zeitbewußtseins* (Paideia, Bd. 6). Frankfurt am Main: Lang.

Merzyn, Gottfried. (2008). *Naturwissenschaften, Mathematik, Technik – immer unbeliebter? Die Konkurrenz von Schulfächern um das Interesse der Jugend im Spiegel vielfältiger Untersuchungen*. Baltmannsweiler: Schneider Hohengehren.

Meyer, Jörg. (2008). *Die Sonnenuhr und ihre Theorie* (1. Aufl.). Frankfurt am Main: Deutsch.

Micali, Stefano. (2014). Subjektive und objektive Zeit. Genealogische und methodologische Bemerkungen zur Frage nach der Realität oder Idealität der Zeit. In: G. Hartung (Hrsg.), *Mensch und zeit* (Studien Zur Interdisziplinären Anthropologie Ser, S. 185–203). Wiesbaden: Springer VS.

Michalik, Kerstin. (2012). Wie lang ist die Gegenwart? Mit Kindern über Zeit philosophieren. In: *Weltwissen Sachunterricht* (3), 44–45.

Milham, Willis I. (1923). *Time & Timekeepers. Including the History, Construction, Care, and Accuracy of Clocks and Watches*. New York: Macmillan.

Ministerium für Schule und Bildung NRW. (2020). Verzeichnis für zugelassene Lernmittel. https://www.schulministerium.nrw.de/BiPo/VZL/lernmittel?page=2%26size=10.

Müller, Erich H. (1969). *Erfüllte Gegenwart und Langeweile. Zeitgebundenheit und Zeitfreiheit im Leben des Kindes* (Anthropologie und Erziehung, Bd. 24). Heidelberg: Quelle & Meyer (Zugl.: Tübingen, Univ., Diss).

Nicholson, T. L., Campbell, S. L., Hutson, R. B., Marti, G. E., Bloom, B. J., McNally, R. L., Zhang, W., Barrett, M. D., Safronova, M. S., Strouse, G. F., Tew, W. L. & Ye, J. (2015). Systematic evaluation of an atomic clock at $2 \times 10(-18)$ total uncertainty. In: *Nature communications 6*, 6896. https://doi.org/10.1038/ncomms7896

Niehaus, Inga, Stoletzki, Almut, Fuchs, Eckhardt & Ahlrichs, Johanna. (2011). Wissenschaftliche Recherche und Analyse zur Gestaltung, Verwendung und Wirkung von Lehrmitteln (Metaanalyse und Empfehlungen), Georg-Eckert-Institut für internationale Schulbuchforschung. https://www.ph-frei-burg.de/fileadmin/dateien/mitarbeiter/hagema nnfr/Zuerichstudie_Endfassung_2011_11_29.pdf. Zugegriffen: 21.07.2020.

Nordrhein-Westfalen. (2008). *Richtlinien und Lehrpläne für die Grundschule in Nordrhein-Westfalen. Deutsch, Sachunterricht, Mathematik, Englisch, Musik, Kunst, Sport, Evangelische Religionslehre, Katholische Religionslehre* (Schriftenreihe „Schule in NRW", Bd. 2012, 1. Aufl.). Frechen: Ritterbach.

NRW. (2020). Stundentafel, Ministerium für Schule und Bildung NRW. https://www.sch ulministerium.nrw.de/docs/Schulsystem/Schulformen/Grundschule/Von-A-bis-Z/Stunde ntafel/index.html. Zugegriffen: 29.07.2020.

Oerter, Rolf & Montada, Leo. (2008). *Entwicklungspsychologie. Lehrbuch* (Grundlagen Psychologie, 6., vollst. überarb. Aufl.). Weinheim: Beltz.

Osterhausen, Fritz von & Pfeiffer-Belli, Christian. (1999). *Callweys Uhrenlexikon.* München: Callwey.

Paivio, Allan. (1991). *Images in mind. The evolution of a theory.* New York: Harvester Wheatsheaf.

Parry, Hannah. (2017). Time to learn! Eighty percent of Oklahoma City children aged six to 12 don't know how to read a clock because they rely on smartphones and iPads to tell the time. https://www.dailymail.co.uk/news/article-4316104/Majority-Oklahoma-City-kids-t-read-clock.html. Zugegriffen: 10.09.2019.

Pfeifer, Wolfgang. (2004). *Etymologisches Wörterbuch des Deutschen* (dtv, Bd. 32511, 7. Aufl. der Taschenbuchausg, ungek., durchges. Ausg). München: Deutscher Taschenbuch Verlag.

Piaget, Jean. (1975). *Das Erwachen der Intelligenz beim Kinde* (Gesammelte Werke, Studienausgabe / Jean Piaget ; Bd. 1, 1. Aufl.). Stuttgart: Klett.

Piaget, Jean. (1955). *Die Bildung des Zeitbegriffs beim Kinde* ((1.–3. Tsd.)). (Zürich): Rascher.

Raack, Philipp. (2019). Analoge vs. digitale Uhrzeitformate. Ein zeitloses Für und Wider? In: *PhyDid B – Didaktik der Physik – Beiträge zur DPG-Frühjahrstagung.*

Redaktion Norddeutscher Rundfunk. (2019). Sanduhr-Parken startet in Cloppenburg. https://www.ndr.de/nachrichten/niedersachsen/oldenburg_ostfriesland/Sanduhr-Parken-startet-in-Cloppenburg,sanduhr104.html. Zugegriffen: 30.07.2019.

Ries, Harald. (2019). Wissenschaftler kritisiert Debatte um digitalisierte Schulen, Westfalenpost. https://www.wp.de/region/sauer-und-siegerland/wissenschaftler-kritisiert-deb atte-um-digitalisierte-schulen-id216962817.html. Zugegriffen: 02.09.2019.

Rochmann, Katja. (2008). Die Uhr als Unterrichtsgegenstand. „Du hast noch eine viertel Stunde Zeit!" „Mama, ist das lange?". In: *Kopf und Zahl – Journal des Vereins für Lerntherapie und Dyskalkulie e.V.* (10), 5–8.

Rollins Gregory, Maughn, Haynes, Joanna & Murris, Karin. (2016). *The Routledge International Handbook of Philosophy for Children* (Routledge International Handbooks of Education). Florence: Taylor and Francis.

Schnabel, Michael. (2010). Die Vielfalt kindlichen Zeiterlebens. In: *frühe Kindheit 12* (5). http://liga-kind.de/fk-510-schnabel/. Zugegriffen: 15.01.2020.

Schopenhauer, Arthur. (1988). *Kleine philosophische Schriften* (Arthur Schopenhauers Werke in fünf Bänden, / Arthur Schopenhauer. Nach den Ausgaben letzter Hand hrsg. von Ludger Lütkehaus). Zürich: Haffmans.

Schorch, Günther. (1982). *Kind und Zeit. Entwicklung und schulische Förderung des Zeitbewußtseins.* Bad Heilbrunn/Obb.: Klinkhardt.

Schorch, Günther. (1981). *Förderung des Zeitverständnisses in der Grundschule.* Dissertation, Friedrich-Alexander-Universität. Erlangen/Nürnberg.

DIN EN, 894–2 (2009–02). *Sicherheit von Maschinen.* Berlin: Beuth Verlag GmbH.

Siddiqui, Nadia, Gorard, Stephen & See, Beng H. (2019). Can programmes like Philosophy for Children help schools to look beyond academic attainment? In: *Educational Review 71* (2), 146–165. https://doi.org/10.1080/00131911.2017.1400948

Sieroka, Norman. (2018). *Philosophie der Zeit. Grundlagen und Perspektiven* (C.H. Beck Wissen, Bd. 2886). München: C.H. Beck.

Sigler, Sebastian. (2019). Schulkinder können die Uhr nicht mehr lesen. Gravierendes Defizit bei Kulturtechniken, Tichys Einblick. https://www.tichyseinblick.de/kolumnen/das-gute-vom-tag/schulkinder-koennen-die-uhr-nicht-mehr-lesen/. Zugegriffen: 02.09.2019.

Sprod, Tim. (2017). Mit Kindern über Freundschaft philosophieren. Konzepte entwickeln und hinterfragen. In: *Die Grundschulzeitschrift 31* (304), 11–15.

Straus, Erwin. (1978). *Vom Sinn der Sinne. Ein Beitr. zur Grundlegung d. Psychologie* [Nachdr. d.] 2. Aufl. Berlin, Göttingen, Heidelberg 1956). Berlin, Heidelberg usw.: Springer.

Strobel, Hannes (AOK Bundesverband, BKK Bundesverband, Deutsche Gesetzliche Unfallversicherung (DGUV) & Verband der Ersatzkassen e.V. (vdek), Hrsg.). (2013). Auswirkungen von ständiger Erreichbarkeit und Präventionsmöglichkeiten. Teil 1: Überblick über den Stand der Wissenschaft und Empfehlungen für einen guten Umgang in der Praxis, Intiative Gesundheit und Arbeit. https://www.iga-info.de/fileadmin/redakteur/Veroeffentlichungen/iga_Reporte/Dokumente/iga-Report_23_Staendige_Erreichbarkeit_Teil1.pdf. Zugegriffen: 14.07.2022.

Trendel, Georg & Dobbelstein, Peter. (2013). Und jetzt auch noch Bildungsstandards… Herausforderungen und Chancen für den naturwissenschaftlichen Unterricht. In: *Praxis der Naturwissenschaften – Physik in der Schule 62* (5), 18–21.

Vakali, Mary. (1991). Clock time in seven to ten year-old children. In: *European Journal of Psychology of Education 6* (3), 325. https://doi.org/10.1007/BF03173154.

Volbert, Renate. (2004). *Beurteilung von Aussagen über Traumata. Erinnerungen und ihre psychologische Bewertung* (Aus dem Programm Huber, 1. Aufl.). Bern: Huber.

Werner, Martin. (2017). *Nachrichtentechnik. Eine Einführung für alle Studiengänge* (Lehrbuch, 8., vollständig überarbeitete und erweiterte Auflage). Wiesbaden: Springer Vieweg.

Wiesing, Lambert. (1998). *Die Uhr. Eine semiotische Betrachtung* (Kunst – Gestaltung – Design, Bd. 5). Saarbrücken: Verl. St. Johann.

Wikipedia. (2021). Zeit. https://de.wikipedia.org/wiki/Zeit.

Wirtz, M. A. (Hrsg.). (2017). *Dorsch – Lexikon der Psychologie* (18. Aufl.). Bern: Hogrefe.

Wissing, Simone. (2004). *Das Zeitbewusstsein des Kindes. Eine empirisch-qualitative Studie zur Entwicklung einer Typologie der Zeit bei Kindern im Grundschulalter.* Dissertation, Pädagogische Hochschule. Heidelberg. http://archiv.ub.uni-heidelberg.de/volltextserver/5437/1/komplett.pdf. Zugegriffen: 21.01.2020.

Wittmann, Marc & Kübel, Sebastian L. (2020). Zeitwahrnehmung. In: S. Schinkel, F. Hösel, S.-M. Köhler, A. König, E. Schilling, J. Schreiber et al. (Hrsg.), *Zeit im Lebensverlauf. Ein Glossar* (Sozialtheorie, S. 359–364). Bielefeld: transcript.

Wodzinski, Rita. (2010). Kommunikationskompetenz im Physikunterricht. Unterrichtsprakttische Zugänge zu einem schwierigen Bereich der Bildungsstandards. In: *Naturwissenschaften im Unterricht: Physik 21* (116), 4–8.

Wunder, Maik. (2018). *Diskursive Praxis der Legitimierung und Delegitimierung von digitalen Bildungsmedien – Eine Diskursanalyse*. Dissertation, Verlag Julius Klinkhardt.

Printed in the United States
by Baker & Taylor Publisher Services